管理学学术前沿书系

MIANXIANG SHIPIN ANQUAN DE
TOUMING GONGYINGLIAN YANJIU

面向食品安全的透明供应链研究

代文彬　著

经济日报 出版社

图书在版编目（CIP）数据

面向食品安全的透明供应链研究 / 代文彬著. —— 北京：经济日报出版社，2019.8

ISBN 978-7-5196-0586-5

Ⅰ. ①面… Ⅱ. ①代… Ⅲ. ①食品安全－安全管理－供应链管理－研究 Ⅳ. ①TS201.6

中国版本图书馆 CIP 数据核字（2019）第 181670 号

面向食品安全的透明供应链研究

作　　者	代文彬
责任编辑	杨保华
出版发行	经济日报出版社
社　　址	北京市西城区白纸坊东街 2 号 A 座综合楼 710
邮政编码	100054
电　　话	010－63567683（编辑部）
	010－63538621　63567692（发行部）
网　　址	www.edpbook.com.cn
E－mail	edpbook@sina.com
经　　销	全国新华书店
印　　刷	北京九州迅驰传媒文化有限公司
开　　本	710×1000 毫米　1/16
印　　张	11.75
字　　数	167 千字
版　　次	2019 年 9 月第一版
印　　次	2019 年 9 月第一次印刷
书　　号	ISBN 978-7-5196-0586-5
定　　价	49.00 元

前　言

　　食品安全关系到民众身体健康和生命安全，关系到社会稳定、产业发展和国家形象。党的十九大报告明确提出实施食品安全战略，让人民吃得放心。虽然我国食品安全形势不断好转，但食品安全工作仍面临严峻挑战，已"成为全面建成小康社会、全面建设社会主义现代化国家的明显短板"。① 为此，《中共中央　国务院关于深化改革加强食品安全工作的意见（2019 年 5 月 9 日）》中提出强化供应链管理、落实食品生产经营者主体责任、最大限度消除不安全风险的目标要求，生产经营主体要加强生产经营过程控制、建立食品安全追溯体系。因此，充分发挥食品生产经营者的自控功能、建设透明可查的供应链（网）已成为食品安全有效治理的重要途径。

　　从国际上看，公认欧盟的食品安全治理卓有成效，其成功经验之一是建立从农田到餐桌的全链条追溯机制，食物在供应链中的流动有透明的记录与监控。即使发生了如 2013 年的"马肉风波"、2017 年的"毒鸡蛋事件"等重大食品安全事件，欧盟也能迅速查明问题食品的来源与去向，民众对食品安全的疑虑和担忧能较快消解。美国、日本等国家在建设透明的食品供应链（网）方面也有成功的实践。大型食品企业及行业协会在这场"透明运动"中起到巨大推动作用。为防范可能发生的食品恐慌事件，如感染疯牛病的牛肉、家禽和蛋的沙门氏菌污染、奶制品中李斯特菌超量等等引发的风险，英国零售业协会（BRC）发布并不断改进 BRC——全球食品标准，该标准对食品生产经营的过程进行了明确详细的规范，确保食品信息

---

① 中华人民共和国中央人民政府 . 中共中央　国务院关于深化改革加强食品安全工作的意见［EB/OL］. http://www.gov.cn/zhengce/2019-05/20/content_5393212.htm?tdsourcetag=s_pcqq_aiomsg, 2019-05-20.

1

的可追溯。2016年9月开始，沃尔玛与 IBM 公司以及中国的清华大学联合开展运用区块链技术进行食品追溯的科研项目，已取得技术突破并逐步推动商业运用。我国不少食品企业在透明供应链的建设上有成功的探索，"透明农场""透明牧场""透明工厂""透明渔场"等不断涌现，取得了显著的经济和社会效益。建设透明、协同、高效的食品供应链已成为食品行业发展新的风向标。

从学理上探究，食品安全事件产生的根本原因是食品信息的不对称和不完全。食品过程信息和产品信息的有效标识和传递是防范食品安全风险、提升消费者信任度的根本途径。由于食品从源头到终端消费者（餐桌）要经历不同的供应链环节或生产经营者，如农户、食品加工商、食品流通企业、食品销售商、餐饮企业等，所以食品信息的收集、传递和揭示需要供应链上各主体的合作行为。因此，从供应链管理角度探讨食品安全问题的有效治理是一条有价值的途径。面向食品安全问题，学术界从治理结构、法律标准、技术支撑等不同维度针对食品供应链进行了研究，但较少有学者从食品质量安全信息有效管理的角度研究食品供应链问题。此外，Hofstede（2003）[1] 最早对供应链（网）的透明性问题进行了研究，国际上一些学者在将透明性概念引入食品供应链研究中已进行了初步的探索。由此，本书面向食品安全问题，提出食品"透明供应链"新型供应链形态，对该类型供应链的相关层面进行了创新性研究。具体来说，本书的特色主要体现在以下几个方面：

1. 在文献研究和实地调查的基础上，本书创新性地提出"食品透明供应链"这一新的供应链类型，对其概念界定、基本特征、演进路径进行了诠释。

2. 本书从驱动主体、流程特征、保障条件三个维度对食品透明供应链进行了理论建构，为理解食品透明供应链这一新型供应链类型提供了分析框架。

3. 以技术接受模型为理论原型，采用结构方程模型方法实证了食品透明供应链的驱动机理，为食品透明供应链建设的政策选择提供了理论依据。

4. 采用跨案例研究法，提炼出食品透明供应链的运作模式，为食品供应链核心企业建设食品透明供应链提供了管理参照。

5. 以综合评价法为方法论基础，本书提出了食品供应链透明度评价指标体系，并以典型食品企业为例对该指标体系的效度进行了实证检验。

本书的出版，得到了天津市教委人文社会科学重大项目"京津冀区域协同的食品安全智慧监管体系构建"（2017JWZD22）的资助。天津科技大学经济与管理学院的慕静教授对本书的研究与写作过程给予了精心的指导，中国农业大学的安玉发教授对本书的选题与内容框架提出了宝贵的建议，天津科技大学的华欣教授（院长）、马永军教授、陈野教授等对本书研究过程的开展提供了诸多支持，一并致以真挚的感谢！

付梓之际，诚惶诚恐，书中疏失，文责自负！期盼阅者批评指正，并共同探讨食品透明供应链的建设问题！

代文彬

天津科技大学

2019 年 5 月

目　录
CONTENTS

第一章　绪　论

1.1 研究背景与意义

1.1.1 研究背景

20 世纪 90 年代以来，我国食品安全事件进入高发期。1998 年山西朔州假酒事件、2003 年安徽阜阳毒奶粉事件、2008 年三鹿奶粉事件等都引起强烈的社会震撼。随着信息技术的发展和新闻媒体的活跃，食品安全事件广为传播，容易引起人们的社会恐慌心理。人们对食品安全的担忧往往延伸到对政府执政水平、公信力的怀疑上，也影响了相关食品行业的健康发展。20 世纪末发生在欧洲的几起严重的食品安全危机事件（例如疯牛病危机、二噁英危机、口蹄疫疾病）也加深了各国民众对食品安全的担忧，食品安全状况已成为各国社会敏感的神经。如何保障食品安全，已成为各界必须共同面对的世界性重大问题。

在学术界，学者一般以信息经济学为理论基础诠释食品安全问题产生的根源。Darby 和 Karni（1973）根据消费者获得产品信息的难易程度，将所有商品分为三类：搜寻品（Search goods）、经验品（Experience goods）和信任品（Credence goods）。① 食品具有典型的经验品与信任品特征。Antle（1996）指出，食品市场上的消费者和厂商都易对食品安全具有不完全信息，消费者与厂商之间对食品安全也易形成不对称信息。[2] 徐晓新（2002）认为食品安全问题的产生，主要是由于生产和流通链条中存在的信息不对称和食品加工过程中的质量控制不完善等造成的。[3] 周应恒、霍丽玥（2003）对现代食品质量安全问题的产生原因进行了多层面的分析，认为食品质量安全问题的发生是由于食品的生产、经营厂商和消费者之间的

---

① 搜寻品指消费者在购买商品之前通过自己检查就可以知道其质量的商品，如家具、服装以及其他可通过视觉或触觉检查而确定的商品。经验品指消费者只有在消费商品之后才能知道其质量的商品，如加工食品、心理治疗服务。信任品指消费者即使在消费之后也很难确定其质量的商品，如一些食品、药品、法律和医学服务。

信息不对称造成的。[4]食品经过食品供应链最终到达消费者，涉及农资供应商、农户、农产食品营销商/存储商、农产食品零售商、食品加工制造商、食品批发/零售商、消费者、政府等利益相关主体。张蒙等（2017）认为，食品供应链上利益相关者之间的信息不对称主要体现在：食品的生产加工者、销售者和消费者之间；上级供应者和下级供应者之间；生产经营者和政府管理者之间；下级管理者（代理人）和上级管理者（委托人）之间；政府和消费者之间。[5]由上可见，食品供应链相关主体之间的信息不对称和食品安全信息不完全是食品安全事件层出不穷的重要原因。Trienekens 和 Beulens（2001）指出，人们对整条食品链（Food chain）质量的透明信息有日益增长的需求，消费者希望得到他们充分信任的安全食品，他们要求食品企业提供食品安全保证和诚实的食品安全信息以建立对食品的信任。[6]

关于如何消减食品供应链相关主体之间的信息不对称从而预防食品安全事件产生，学术界主要从以下四个角度进行了大量研究：其一，政府规制角度。大量的研究成果都认为政府在食品安全治理中提供公共产品的必要性与重要性。为保障食品安全，政府在政策设计中应利用信誉机制、价格机制等市场手段，也需要利用各种行政和立法手段（如包装法、标签法、各种标准战略、公众教育等）。食品供应链的有效治理需要政府的监管覆盖链条（网）上的所有主体和环节。同时，政府在食品安全的多元治理中应居于主导地位，政府可以授权给相关能提供理论和技术支持的机构和部门，多方合作，共同建立广泛协调的食品安全监管体系。其二，食品供应链治理模式角度。食品供应链的生产模式和交易模式影响着食品的品质与安全，国内外学者比较研究了市场交易模式、纵向契约协作模式和垂直一体化模式等食品供应链治理结构对食品安全的影响。研究者普遍认为，供应链的一体化程度越高，其提供的产品质量安全水平越高。[7]为提高食品供应链的一体化程度，应培养支持龙头企业（核心企业），发挥其对上下游企业（农户）的规范和管控作用。其三，食品供应链可追溯体系角度。食品供应链往往链条长、节点主体多，包含了生产资料供应商、农户、食品生产商、食品流通企业、食品销售企业、消费者、政府监管部门等众多主体。为保证终端食品的安全，需要建立覆盖食品供应链的食品安全可追溯系统，收集食品转移过程中的质量安全信息，能够有效地向上溯源和向下追踪食品相关信息，从而实现责任区分和去向定位。[8]其四，科学技术运用角度。国内外学者都重视科学技术对食品安全治理的重大作用，一些与食品安全管理相关的应用性技术成果已经得到推广，如条形码、RIDF、冷链技术等。随着科技的迅速发展，物联网、区块链和人工智能（AI）等技术在食品供应链中的应用越来越广泛和深入。

在实践层面，为响应民众的食品安全的诉求，行业企业、相关政府部门和非政府组织（NGO）等积极行动起来。为保障食品安全、增强人们对食品安全性的信心，欧盟于 2002 年制定了食品基本法（General Food Law），该法律中诸多内容涉及食品质量与安全信息的记录与披露问题，如该法要求从 2005 年 1 月 1 日起在欧盟范围内销售的所有肉类食品都必须能够进行跟踪与溯源，否则就不允许上市销售。早在 1993 年，食品法典委员会就将 HACCP 推荐为最有效的保障安全食品供应的管理体系。食品行业企业在为客户和消费者提供高质量的食品、诚实的信息和相关的服务方面也进行了大量的创新。在过去的二十多年里，食品质量保证（Quality assurance）已成为食品行业食品安全政策的一块基石，建设整合的质量管理系统（Integral Quality management systems）已成为业界追求的重要目标。[9]这一系统涵盖了食品生产经营中的所有环节，包括原材料供应、食品生产、包装、运输与物流、研究与开发、生产设备的维护、员工的教育与培训等。一些大型的零售企业制定并执行覆盖整个供应链的食品安全标准，加强食品供应商的管理、提高食品安全性和相关信息的透明度。国内一些食品企业在追求食品生产经营全过程的安全及透明方面也有突出的成就。深圳市易流科技股份有限公司致力于打造生鲜食品冷链透明供应链，为客户提供从养殖/种植、生产加工到仓储物流、零售商超的全链条一体化透明管控，即全程温控服务。[10]光明食品集团构建全透明食品安全产业链，成功地打造出全国首张有机食品"身份证"。该公司生产的"瀛丰五斗"有机米实现了从种植、收割、运输、销售等全过程的安全透明。消费者从商店买回"瀛丰五斗"有机米，通过有机米档案查询系统，输入 6 位数字的食品安全信息码，便能清楚地掌握这包米的所有"身份"情况，包括种植管理者、地块管理者、作物品种、播种期、移栽期、施肥记录、病虫防治、收割记录等。"瀛丰五斗"有机米的高度安全、透明特点赢得了市场的青睐，一直供不应求。[11]2013年4月20日现代牧业（集团）有限公司启动"透明牧场"项目，作为乳业的首个透明牧场，现代牧业坚持高起点、高定位、高标准，应用最先进的管理理念、装备设施、生产技术，使牧场运营的每一个环节都有法可依、有据可查，让牛奶品质以量化的数据与消费者沟通。[12]上海多利农业发展有限公司建设"透明农庄"、开创都市有机农业的新模式。多利农庄建立透明化作业网络系统，消费者可以通过网络全天候地观看蔬菜种植、生长、收获的整个过程。同时利用物联网核心技术的无线射频和二维码技术建立质量信息全程追溯系统，消费者则可以通过产品包装上的"身份证"编码在互联网或手机二维码识别软件上查询，追溯农产品的各项生产信息。多利农庄运用先进科技手段对生产作业流程进行透明化的管理，让消费者明明白白地吃、明明白白地消费，打响了多利诚信的品牌，奠定了企业信任的基石。[13]2017年4月，上海来伊份公司启动零售透明供应链项目，该供应链打通来伊份的全渠道，产品从原料到门店的全部环节都可以在系统上进行查询。通过扫描产品二维码，可以查询产品在供应商、检验、仓库、门店等各个环节的情况。其中品质管理包括产品生命追溯、品质检测协同、标准发布、生产过程监控等；库存管理则包括查询销售库存情况、预测及计划、订单管理、原料及成品库存等；物流方面，包括预约管理、运输过程可视、资源整合等；而采购管理则包括新品管理、主数据管理、售价及促销管理等等。①

综观已有研究及实践成果，充分发挥食品供应链主体的自律和他律作用，削减食品安全信息不对称现象，提高消费者安全认知能力及安全信心，已成为食品安全有效治理的重要途径。为此，建设新的食品供应链形态，培养和发挥食品企业主体的自律意识和能力，已成为突出的现实与理论课题。

---

① 庄红韬、赵爽．来伊份打造透明供应链零食全产业链无死角［EB/OL］．cn /n1/2017/0406/c1004–29193450.html，2017–04–06.

1.1.2 研究意义

1.1.2.1 研究的理论意义

食品安全保障需要政府、食品企业、消费者、NGO（非政府组织）等利益相关主体的协同行为，通过消减相关主体之间的信息不对称和食品安全信息不完全，最终促成安全食品的生产与消费。食品由食品供应链提供，促进供应链食品安全信息透明化是食品安全治理的根本途径和根本目标，已往的食品安全研究成果为此提供了丰厚的知识基础，但也存在以下的理论缺陷：

1. 研究目标不够明确、研究内容不够系统。食品安全治理的根本目标是解决食品安全信息的不对称和不完全性问题，食品安全治理的焦点对象应是食品供应链企业的行为过程和结果。以此为出发点，食品安全法律法规、安全标准、技术开发、政府监管、消费者监督等方面的研究才能有正确的逻辑起点，才能形成系统的食品安全治理理论体系。但已有的研究成果往往处于表面和零散的状态，缺乏明确的深层次理论目标，也鲜有一个系统的分析框架能够揭示食品安全治理的问题、目标和途径问题。

2. 对食品供应链企业（特别是核心企业）保证食品安全的行为动机、运作模式、评价工具等缺乏深入的研究。为保证食品安全，食品供应链企业（特别是核心企业）必须向食品安全利益相关方提供透明的食品安全的过程和结果信息。由于食品企业本质上的"经济人"特征，基于成本收益的权衡，食品企业倾向于隐瞒有关食品安全信息，获取更多的市场利润。为保证食品企业严格按照相关质量安全标准进行生产与经营，必须深入剖析其安全行为后面的激励因素，总结其最佳的运作模式，完善其有效控制的相关工具。目前这些方面的研究还很薄弱。

3. 针对我国特殊制度背景的食品安全治理理论研究还比较欠缺。已有的食品安全研究成果，如建立以 HACCP 为基础的管理体系、食品安全追溯、以市场力量为基础的企业标准的形成和实施等，都适应了西方发达国家的制度背景。我国的制度背景有其特殊性，如食品产业的"小、散、低"格局、消费者至上的社会文化还没有完全形成、社会主义市场经济体制还处于建设发展阶段，等等，使得我国食品安全治理的路径、方式有别于发达国家。目前，针对我国特殊制度背景的食品安全治理研究还于起步阶段，相关有价值的成果还不太多。

本书将以食品供应链企业（特别是核心企业）食品安全信息透明化为研究对象，通过探索我国特殊制度背景下的食品供应链企业食品安全行为的驱动机理、运作模式和评价工具，丰富和深化已有食品安全治理理论。因此，本书的研究内容具有较大的理论意义。

1.1.2.2 研究的实践意义

为有效治理食品安全问题，我国政府监管部门、行业协会等组织以健全食品安全控制体系为目标开展了大量工作，包括制修法律法规、颁布安全标准、严格政府监管、推广先进技术，等等。但这些工作的重心在于事后救济，而未能体现事前预防的理念。如何促使食品供应链企业有责任和动力按照食品质量安全标准生产安全食品，向利益相关方及时公布食品安全信息，并接受公共监督和市场选择，无疑是各级政府部门和行业组织的优先选择。从世界范围看，美国、日本、欧盟的一些国家重视食品安全信息的披露，这些国家食品安全信息披露法制健全，政府和企业分别承担着公布食品安全信息的法定义务，其经验值得借鉴。我国自 2005 年起，一些地区（如北京市、上海市、浙江省、广东省）的政府部门向社会定期公布本域内食品安全指数。虽然指标内容各有特点，但这些地方政府公布的食品安全指数主要从各项检查结果、食物中毒率等方面评价当地的食品安全现状，极少涉及食品供应链企业的过程管控和食品安全信息透明的问题。目前，政府部门追求的食品安全透明，也更多体现在法律标准制定、风险信息交流方面的透明，很少涉及食品供应链企业的安全信息透明。在当前我国食品安全治理由事后处置转向过程监控、由分段监管变成供应链整体监管的背景下，本书试图从供应链食品安全信息透明化的角度，为政府部门和企业等主体提供实施预防性管控的理念、思路、方法与工具，因此，本书的研究亦具有较大的实践意义。

1.2 概念界定、文献综述及问题提出

1.2.1 相关概念界定

1.2.1.1 供应链

供应链的概念最早出现在 20 世纪 80 年代，但目前还没有形成一个普遍认可的定义。

国外，Christopher（1999）认为，供应链是一个网络组织，所涉及的组织从上游到下游在不同的过程和活动中对交付给最终用户的产品或服务产生价值增值。[14]Krichen& Jouida（2005）认为，供应链包括了从原材料阶段一直到最终产品送到最终顾客手中与物品流动以及伴随的信息流动有关的所有活动。[15]

国内，马士华等（2000）认为，供应链是围绕核心企业，通过对信息流、物流、资金流的控制，从采购原材料开始，制成中间产品以及最终产品，最后由销售网络把产品送到消费者手中的将供应商、制造商、分销商、零售商直到最终用户连成一个整体的功能网链结构。[16]焦志伦（2012）认为，供应链是一个由各类商流要素在商品生产流通过程中关联起来的商业组织系统，该系统的目标在于通过结构、信息、资源等的合理衔接，形成某种特定的运行策略，从而实现成本缩减、价值增值、快速响应等目的。[17]

由上可见，对"供应链"的内涵可从以下几个方面理解：1. 供应链从流程环节上包括原材料采购、加工、储存、运输到销售的全部过程。2. 供应链的参与主体包括供应商、焦点企业、物流企业、销售企业、客户、消费者乃至政府部门、第三方服务商、新闻媒体等主体。3. 供应链从运作形态上包括物流、信息流、资金流等的交织往返运动。4. 供应链的运行整体上是为了实现成本缩减、价值增值、快速响应等策略目标。

1.2.1.2 食品

按照一般的理解，食品就是人类食用的物品，但对其进行准确的定义和细致的划分并不容易。

国家标准《GB/T15091-1994 食品工业基本术语》将"一般食品"定义为：可供人类食用或饮用的物质，包括加工食品、半成品和未加工食品，不包括烟草或只作药品用的物质。2009 年 6 月 1 日实施的《中华人民共和国食品安全法》第九十九条对"食品"的定义如下：指各种供人食用或者饮用的成品和原料以及按照传统既是食品又是药品的物品，但是不包括以治疗为目的的物品。国际食品法典委员会（CAC）对"一般食品"的定义为：任何加工、半加工或未经加工供人类食用的物质，包括食用农产品、饮料、口香糖及在食品生产、制作或处理过程中所用的任何物质（如食品添加剂），但不包括化妆品或烟草或只作药物使用的物质。

食品种类繁多，按照不同的标准可划分为不同的类型。《GB/T7635.1-2002 全国主要产品分类和代码》将食品分为农林（牧）渔业产品，加工食品、饮料和烟草两大类。其中农林（牧）渔业产品分为三类：种植业产品、活的动物和动物产品、鱼和其他渔业产品。加工食品、饮料和烟草产品分为五类：肉、水产品、水果、蔬菜、油脂等加工品；乳制品；谷物碾磨加工品、淀粉和淀粉制品，豆制品，其他食品和食品添加剂，加工饲料和饲料添加剂；饮料；烟草制品。

本书所使用的"食品"概念与国家标准《GB/T15091-1994 食品工业基本术语》对"食品"的定义一致，在实证调研部分所采用的食品分类与《GB/T7635.1-2002 全国主要产品分类和代码》对食品的分类基本一致。

1.2.1.3 食品供应链

食品供应链是在一般供应链的基础上引入的，是供应链思想在食品行业中的特殊运用。Ouden 等（2010）认为食品供应链是食品生产组织为了降低食品运输成本、保证食品质量、提高食品安全和各种服务水平而实施的一种全新的企业运作模式。[18] 食品供应链的直接参与主体众多，有产前的种子、饲料、肥料等生产资料供应商，产中的种植、养殖业的农户及企业，产后的分级、加工、包装、储运、销售等食品企业，以及终端的消费者。由于食品安全关系到人的生存权利及身体健康，且食品具有易腐易损等特征，使得食品供应链具有其他类型供应链不具备的特点，如行业跨度大、物流约束强、资产专用性强、参与主体多、安全需求突出等。

本书认为，食品供应链由贯穿从农田到餐桌整个过程的食品企业、农户和消费者组成，是为实现价值增值、成本缩减、保障食品安全、加快市场响应而结成的功能链（网）。

1.2.1.4 食品安全

"食品安全"是一个不断发展的概念，随着人类经济发展、思想文化及消费方式的变化，"食品安全"的内涵和外延在不断地变迁。

最初人们对"食品安全"的理解侧重于食品供给数量的安全（food security）。1974 年 11 月在联合国粮农组织（FAO）等机构举行的世界粮食会议上，将食品安全作如下定义：所有人在任何情况下都能获得维持健康的生存所必需的足够食物。随着食品供给安全问题的逐步解决，人类对"食品安全"的理解过渡到食品的质量和卫生安全（Food safety）。1984 年，世界卫生组织（WHO）把"食品安全"界定为"生产、加工、储存、分配和制作食品过程中确保食品安全可靠，有益于健康并且适合人消费的种种必要条件和措施"。1996 年，WHO 将"食品安全"进行了重新定义：对食品按其原定用途进行制作和（或）食用时不会使消费者受害的一种担保。这一概念强调了在食品生产和消费过程中应对人体有毒、有害物质进行控制，防止对食品摄入者本人及其后代造成危害。2009 年我国《食品安全法》第九十九条指出，食品安全是指食品无毒、无害，符合应当有的营养要求，对人体健康不造成任何急性、亚急性或者慢性危害。进入 21 世纪以来，保护资源环境、提倡可持续发展成为全球性思潮，人类对"食品安全"的理解也受此影响。除了食品质量安全的意涵外，注重资源环境保护、可持续发展、动物福利、公平贸易等内容也成为食品安全内涵的有机组成部分。

吴林海等（2013）认为，完整意义上的食品安全概念可表述为"食品（食物或农产品）的种植、养殖、加工、包装、贮藏、运输、销售、消费等活动符合国家强制标准和要求，不存在可能损害或威胁人体健康的有毒有害物质以导致消费者病亡或危及消费者及其后代的隐患"。[19] 吴林海、徐立青（2009）指出，食品安全既包括生产安全，也包括经营安全；既包括结果安全，也包括过程安全；既包括现实安全，也包括未来安全。本书认为，上述两者对"食品安全"内涵和外延的界定比较符合学术界一般的认识，本书所使用的"食品安全"概念与上述两者界定相同。[20]

"食品安全"与"食品质量"既有联系又有区别。1996 年 FAO 和 WHO 在《加强国家级食品安全计划指南》中将"食品质量"定义为"食品满足消费者明确的或者隐含的需要的特性"。根据该定义，食品质量比食品安全的外延要大，除了食品安全外还包括食品的口味、新鲜程度、营养含量等消费者关注的多方面属性。2003 年 FAO 和 WHO 进一步指出：食品安全是不可协商的，食品质量概念则还涉及那些对消费者而言的其他方面的特性，如食品的产地、颜色、风味、组织状态，以及加工方法等。本书在很多情况下将两概念并列使用，如"食品质量与安全""食品质量安全"。

"食品安全"与"食品卫生"也是两个易混淆的概念。我国《GB/T15091-1994 食品工业基本术语》中将"食品卫生"定义为"为防止食品在生产、收获、加工、运输、贮藏、销售等各个环节被有害物质污染，使食品有益于人体健康所采取的各项措施"。根据此定义，如果说食品是卫生的，则意味着食品的生产经营过程是符合相关卫生标准和条件的，因此"食品卫生"应是"食品安全"一个方面的特征。可以认为，"食品卫生"更侧重于食品的过程安全，而"食品安全"则是过程安全和结果安全的统一。

1.2.2 文献综述

以食品、供应链、食品安全、透明、信息等词的某种组合为检索条件，本书对 CNKI 中国知网、ScienceDirect、EBSCO、Google Scholar 等中外文数据库进行文献检索。结果发现，目前关于食品供应链透明性的直接研究成果较少，但相关研究成果可提供丰富的借鉴。通过梳理，该方面的相关研究成果可归纳为以下五个方面：

1.2.2.1 食品安全追溯体系建立的驱动因素

近十年来，食品安全追溯体系作为一种实现供应链食品安全信息透明化的重要管理技术得到大力应用。建立与运行食品安全追溯体系需要食品企业投入大量的人力、财力和设备，食品企业往往会对由此产生的成本收益问题比较敏感。Moe（1998）认为企业之所以愿意实施追溯系统，是因为其能给企业带来诸方面好处，其中实施内部追溯的好处包括，改进计划以优化资源利用、增强过程控制、产品信息和特质与过程信息的有效关联、建立因果关系指标有利于满足产品标准、避免高品质与低品质原料的混合、有利于质量管理审计中的信息检索、为控制和管理系统中运用信息技术解决方案打下良好基础；参与和实施链条追溯的好处包括，满足法律要求、避免重复的评估、抓住市场对特殊原材料或特殊产品的需求、激励保持原材料的固有品质、有效的产品召回、更好的质量和过程控制。[21]Souza和Caswell（2004）认为，采行可追溯体系可以降低供应链各主体之间的交易和管理成本，当安全事件发生时能够减少企业损失是企业采行可追溯体系最主要的激励因素。[22]杨秋红、吴秀敏（2009）利用四川省61家农产品生产加工企业的调查数据分析得出，企业获得的质量认证、产品是否出口、政府政策、风险预期和企业对消费者对具有可追溯性农产品的支付意愿预期变量对建立农产品可追溯系统的意愿有不同程度的影响。[23]Karlsen等（2013）在文献研究的基础上，认为企业建立食品安全追溯体系存在10方面驱动因素：符合法律规定、保障食品安全、维持食品品质、食品产业可持续性、增进社会及动物福利、满足食品安全认证、追求企业竞争优势、促进供应链交流、应对生物性恐怖威胁、生产流程优化。[24]单泪源等（2017）以我国婴幼儿奶粉行业为例实证指出，构建品牌资产是企业实施可追溯体系的内部动因。[25]李中东、张玉龙（2018）调研了284家食品生产企业，研究指出：企业管理人员对可追溯信息传递重要性认知、企业规模、收益和品牌声誉提升程度对企业可追溯信息传递行为产生正向激励作用；技术复杂程度、新旧系统衔接难度、信息查询难度、追溯赔偿程度、传递标准执行难度、产品认证和生产过程认证难度对企业可追溯信息传递行为产生负向激励作用。[26]

1.2.2.2 治理结构与供应链食品安全

国外学者运用交易成本理论和不完全契约理论，重点研究了食品产业链中的治理结构问题，研究成果丰硕。Hennessy（1996），Hennessy和Miranowski（2001）讨论了食品链纵向一体化与食品信息不对称问题，认为食品产业链中的核心企业对食品质量的刚性约束能有效控制整个食品链中的食品质量。[27-28]Vetter等（2002）指出，纵向一体化治理结构有利于解决消费者无法识别质量特征的信任品市场上存在的道德风险问题。[29]随着国际食品贸易的发展，食品链条从国内延伸到国外，食品质量安全的风险范围也从国内扩大到国外。Beulens 等（2005）认为，要使延长的食品供应链有效运行，除了建立多方共赢的伙伴关系外，还需要以下条件：操作一致、国际交流、信任、与行政过程相分离、以结论为中心。[9]国内学者张云华等（2004）分析了食品产业质量安全契约中影响契约的设计、选择和执行的因素，认为要保证食品质量安全，就必须实行食品供给链的纵向契约协作或所有权一体化。[30]韩美贵、周应堂（2007）认为解决生鲜农产品（食品）安全供给困境的出路在于：通过生鲜农产品（食品）安全产供销一体化制度的建设，逐步形成以龙头企业＋农民专业经济合作组织为主体，以生产基地为载体组织生产，以生鲜超市和综合超市为销售载体，实现生产经营组织化、生产形式基地化、技术支持持续化、上市准入制度化和流通渠道创新化。[31]吕玉花（2009）认为投资激励的不一致性导致食品安全存在很大的不确定性，纵向一体化有助于食品安全性的提高。[32]浦徐进、范旺达（2015）的研究表明，为保障农产品质量安全，农业产业化应以农民专业合作社为基础，大力发展"公司＋合作社＋农户"型供应链。[33]王艳萍（2018）认为，我国农产品供应链具有主体小多、分布零散的特点，扶持和发展农产品核心企业、推进供应链一体化，是控制农产品安全风险的重要措施；以农产品核心企业为引领，建立一种贯穿于农产品供应链全过程的合作共生机制，可对危害农产品质量安全的行为进行约束和惩戒，促进高质量安全农产品实现收益最大化。[34]

1.2.2.3 科技创新与供应链食品安全

员巧云（2006）分析了我国农产品（食品）供应链中信息流的复杂性、不通畅性和不稳定性，提出应健全供应链信息网络，并对信息流进行有效控制，控制方式包括信息标准化、信息网络体系建设、有效信息传递、信息提供方式选择、信息反馈的控制等。[35]张卫斌、顾振宇（2007）提出了一种食品安全解决问题的思路：以电子化食品供应链管理为技术支撑，以 EAN·UCC 系统为基础，运用 RFID 技术进行食品安全追溯。[36]薛月菊等（2008）运用 RFID 技术、EPC 标准和网络技术，构建了一个农产品供应链信息透明化应用框架，并以农产品供应链中的生产和配送环节为例，说明了物联网在农产品供应链各环节的工作原理和信息流。[37]国外学者 Abad 等（2009）运用相关知识与技术开发了 RFID 标签，为鲜鱼的实时追溯和冷链监控提供技术支持。[38]杜永红（2015）认为我国农产品供应链智能化不足导致诸多问题，应加快推进农业智能化基础设施建设、构建现代化农业智能信息服务平台、提高农业管理和生产的智能化水平、延伸"县域电商"以服务"三农"、建立农产品绿色履历追溯体系、大力发展智能化冷链物流、构建农产品供应链大数据联盟。[39]颜波等（2016）以物联网技术为支撑，构建了基于物联网的农产品全程安全监管体系，覆盖了农产品安全无缝监管、农产品质量安全可追溯体系、农产品召回制度和农产品信息披露等领域。

1.2.2.4 法律标准与食品供应链安全

国外方面，Reardon 和 Farina（2001）以巴西主要的农产品供应链上出现的企业标准为例，分析了企业标准出现的动机：①对于标准的需求超过了公共标准供给的增长；②标准是食品公司市场差异化、取得市场份额、寻找市场机会的战略工具；③企业标准作为价值链协调的工具，可以减少成本、增强企业在自由市场上的竞争力，并确保质量和安全；④标准的公共物品属性越强，私人化的动机就越小；⑤许多发展中国家并不存在食品安全和农业健康标准，即使有也没有被公共权威机构严格执行。但零售商和加工企业的声誉却依赖于安全的产品，因此，他们有动机制定企业或半企业化的食品安全标准和认证体系。[40]Fulponi 和 Linda（2006）认为经济合作与发展组织（OECD）国家的主要零售商制定企业标准的动机可以概括为"声誉"，他们认为向消费者提供超过最低要求的、符合一致性质量和安全标准的产品是其建立声誉的根本，是现在和将来收入流的重要资产，而企业标准就是维持甚至是提升企业声誉的一种方法。同时，法律责任也被超过 70% 的零售商视为刺激了标准的增长和严格性。[41]Jin 等（2011）认为合作社的规模、对标准的认识和态度、声誉、预期成本和收益及目标市场，对合作社采用标准的决策有正向关系。[42]

国内方面，朱利群、卞新民（2003）认为我国农业标准化存在标准不全、质量不高、实施力度不够、检测评定体系不完善等问题，并提出相应对策。[43]周洁红、叶俊焘（2007）调研了浙江省加工企业实施危害分析和关键控制点（HACCP）体系的情况，认为企业实施 HACCP 体系与其是否建立良好作业规范（GMP）和卫生标准操作程序（SSOP）体系直接正相关。企业具有国有或外商投资的性质，或是业务类型具备外销性特征，实施 HACCP 体系的可能性大；企业规模越大，技术水平越高，赢利能力越强，资金基础越雄厚，建立和发展 HACCP 体系的可能性就越大；企业决策者和员工对 HACCP 体系的原理和方法了解得愈深，对该体系可能产生的效果愈认同，应用 HACCP 体系可能性越大。[44]邹翔（2013）以麦德隆超市为例，证实了全过程、动态监控的食品安全管理体系对保障食品安全的巨大作用。[45]

1.2.2.5 食品安全信息透明政策实践的对比研究

陈红华、田志宏（2007）总结了美国、欧盟国家、日本在建立农产品质量安全追溯监管体系方面的成功经验，指出这些国家的政府在农产品可追溯系统建立中都起到了较重要的作用；农产品可追溯系统多是先从家畜产品开始，特别是很多国家都是首先从牛肉产品开始的；消费者支付意愿具有共性。对我国实施农产品可追溯系统的相关建议：①农产品可追溯系统要逐步建立；②要选择一部分条件比较成熟的企业进行试点，再逐步推广到更多的企业。③进一步加强政府在农产品可追溯系统建立中的主导地位，同时可以考虑建立专门的农产品可追溯系统管理部门进行协调与管理。[46]刘华楠、李靖（2009）从水产品追溯系统、标准、技术、供应链等方面，对美国、欧盟国家、日本水产品追溯制度的实践进行了比较研究。由此揭示发达国家水产品追溯制度对我国的启示：建立与完善食品安全可追溯制度的相关法律法规、加强食品安全追溯技术的开发工作、通过示范推进我国食品安全可追溯制度的建立和实施。[47]孔繁华（2010）指出我国食品安全信息发布存在公布主体分散、信息内容狭窄、公众参与缺失等问题。欧盟、日本、美国等国家和地区的先进经验表明，食品安全监管公众参与至关重要，信息发布主体以统一发布为宜，信息内容以公开为原则。认为完善我国食品安全信息公布制度，应落实职能部门之间的信息通报，设置"信息公开内部申请程序"，通过法规和规章进一步明确列举主动公开食品安全信息的内容，建立统一的食品安全信息公开网站等。[48]林学贵（2012）通过分析日本推行食品追溯制度的背景、日本食品追溯制度的基本内容和做法和日本农协系统的突出作用，提出我国建设食品追溯制度应：①完善法规和社会监管体制，建立制度保障。②结合产品生产流通特点，先易后难分步实施。③充分发挥农民合作经济组织的作用。④建设统一的行动指南和信息管理平台。[49]刘家松（2015）系统比较了中美食品安全信息披露机制存在的差距，提出以下建议：中国应在加大投资建设信息披露基础制度、改进监管体制协调信息披露主体、完善立法规范信息披露保障机制、引导公众参与强化信息披露社会监督等方面借鉴美国经验。[50]

对以上相关文献梳理可见，目前对食品供应链透明问题的研究尚处于探索阶段，相关研究强调通过采用先进信息技术和执行严格技术标准，对食品在生产、加工、物流、销售等环节的过程信息和产品信息进行登记与交流，从而满足相关方的知情权，提高食品供应链的效率和安全性。迄今为止，学术界还没有一个明确的理论框架对食品供应链透明问题进行系统深入的研究，食品企业提升食品供应链透明的行为缺乏直接的理论支撑，政府食品安全管理行为也缺乏正确的目标指引。基于实践和理论发展的需要，本书针对食品供应链透明问题进行的开拓性探索有其价值。

1.2.3 问题提出

针对食品安全治理理论和实践层面上的缺陷及需求，本书将提出并试图回答以下基本问题：

1. "食品透明供应链"这一构想提出的现实及理论依据是什么？这一构想的内涵与特征是怎样的？以该构想为基础的理论研究有何现实功用？

2. 食品供应链核心企业从事透明供应链建设的影响因素有哪些？这些因素内在的作用机理是怎样的？

3. 食品透明供应链这一全新的供应链运行策略在运作模式上有什么特点？

4. 为有效监测食品供应链透明水平，食品供应链应采行怎样的评价工具？

5.从国际经验看，食品透明供应链演进的历程与规律是怎样的？我国食品透明供应链建设是如何发展的，存在哪些问题？

6.为推进食品透明供应链建设，我国政府应采取什么策略体系？

1.3 研究思路与研究方法

1.3.1 研究思路及主要研究内容

本书主要按照以下思路展开相关研究：是什么—为什么—如何做—做得如何—如何促进。

"是什么"主要回答"食品透明供应链是什么？"这一问题。本书第二章对食品透明供应链的概念、特征、演进规律进行了阐释，并与类似概念进行了区辨。第三章在相关文献梳理的基础上，从驱动主体、流程特征、保障条件三个层面对食品透明供应链分析框架进行了探索和分析。

"为什么"主要回答"食品透明供应链的驱动因素及作用机理是什么？"。本书第四章构建了食品透明供应链驱动力模型，并通过问卷调查数据实证了模型中有关假设。

"如何做"主要回答"食品透明供应链的运作模式是怎样的？"本书第五章以不同食品行业中的典型食品透明供应链为研究对象，通过案例研究法提炼出食品透明供应链的运作模式。

"做得如何"主要回答"食品供应链的透明度如何评价？"。本书第六章在文献研究、专家访谈的基础上制定了食品供应链透明度评价的方法及指标体系。第七章通过以天津 H 公司为核心的食品供应链进行实证研究，验证食品供应链透明度评价方法及指标体系的可操作性及效度。

"如何促进"则主要回答"为促进食品透明供应链建设，我国该施行怎样的政策支撑体系？"。本书第八章从技术的角度描绘了食品透明供应链建设的发展前景。在此基础上，本书第九章对我国食品透明供应链建设的现状及存在的问题进行了描述与分析，对我国促进食品透明供应链建设的政策支撑体系进行了规范分析。

本书主要内容如下（如图 1-1 所示）：

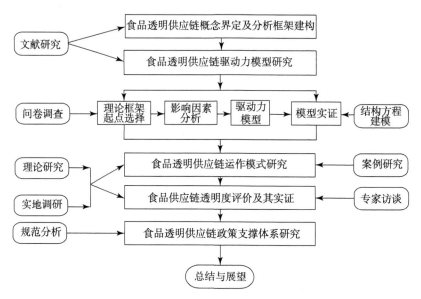

图 1-1　本书整体内容结构及基本逻辑关系

1.3.1.1 食品透明供应链概念界定及分析框架建构

基于相关的理论及实践成果，本书提出"食品透明供应链"概念，指出食品透明供应链具有以下四个方面的特征：以保证食品质量安全为核心目的，对食品安全标准系统的高度依赖性，实行严格的食品质量安全信息管理，建立与运行需要食品供应链核心企业的规范、监控与整合。学者们提出了不同的食品供应链管理策略与模式，如食品产业绿色供应链、可持续食品供应链、食品封闭供应链，本书将食品透明供应链与这些类似概念进行了区辨。食品透明供应链建设契合当今食品安全治理诉求，本书从三个角度对食品透明供应链的功能进行了解析：消费者角度、政府部门角度、生产经营者角度。在相关文献梳理的基础上，本书从驱动主体、流程特征、保障条件三个层面对食品透明供应链的分析框架进行了初步探析。此部分内容为后续的理论研究和定量评价等打下基础。

1.3.1.2 食品透明供应链建设影响因素及驱动力模型

食品透明供应链建设根本的推动主体应是供应链核心企业，食品供应链核心企业能否积极响应市场食品安全诉求、采行安全标准和信息管理技术、实施供应链纵向整合，需要做出管理、技术等多方面的变革决策，受诸多因素的影响。本书以技术接受模型为参照模型，通过理论研究构建食品透明供应链驱动力模型。通过结构方程建模法（SEM）实证上述驱动力模型，对模型中假设进行了证实与证伪。

1.3.1.3 食品透明供应链运作模式研究

本书采用多案例研究法，通过理论抽样选取在我国粮油、肉制品、蔬菜等行业的食品透明供应链最佳实践者为分析对象，采取严格的分析步骤，提出食品透明供应链运作体系的概念框架。研究结果表明，食品透明供应链运作模式是以食品安全战略规划为指导，以食品安全内控环境为基础，以食品安全信息科技为支撑，以食品安全风险防控为主体的四因素耦合作用形成的运行形态。

1.3.1.4 食品供应链透明度评价

运用文献研究法和专家访谈法，从产品流程维、技术管理维、透明结果维三维度选取评价指标，构建食品供应链透明度评价模型。以天津 H 公司为核心的乳制品供应链为实证对象，通过问卷调查、专家访谈、资料搜集等手段，对该乳制品供应链的透明度进行评价。本书将评价结果反馈给相关企业质量安全管理人员，他们普遍认为乳制品供应链透明度评价结果的相关图表符合企业质量安全管理实际情况，证明本书研制的食品供应链透明度评价方法与指标体系具有较高效度和可操作性。

1.3.1.5 食品透明供应链政策支撑体系研究

论文以我国食品透明供应链建设的主要内容和主要问题为出发点，明确了食品透明供应链建设政府支撑政策的目标定位。通过合理选择激励类与约束类政策工具，对食品透明供应链政策支撑措施进行了分析与论证。

1.3.2 主要研究方法

1.3.2.1 理论研究法

通过文献查阅、归纳总结、思辨演绎，本书提出"食品透明供应链"概念，对其特征、功能、演进规律、分析框架进行了理论概括。本书在文献研究和专家访谈的基础上，构建食品透明供应链驱动力模型，提出食品供应链透明度方法与指标体系。

1.3.2.2 实证研究法

本书在问卷调查基础上，通过定量统计分析，对食品透明供应链驱动力模型中相关假设进行证实与证伪。以天津 H 公司为核心的乳制品供应链为例，通过数据收集与分析，证实本书研制的食品供应链透明度评价方法与指标体系具有较高的效度与可操作性。

1.3.2.3 结构方程建模法

食品透明供应链驱动力模型涉及多个原因和多个结果的关系，且变量多是不可直接测量的潜变量，为有效检验相关变量间假设有关系，本书在问卷调查的基础上，采用 AMOS22.0 统计软件，对食品透明供应链各驱动变量进行建模分析，有效地验证了各理论假设。

1.3.2.4 案例研究法

本书以中粮集团、双汇集团和寿光蔬菜为理论抽样对象，通过各种方法收集案例对象相关信息，采用文本分析法对案例资料进行定量与定性分析，提炼出食品透明供应链运作模型。

1.3.2.5 比较研究法

通过比较研究欧盟、美国、日本等地食品透明供应链演进路径及特征，提出食品透明供应链共性的演进规律，从而为完善我国的食品透明供应链政策支撑体系提供了借鉴。

1.4 本书创新点

（1）针对食品供应链的特征与要求，提出了一种全新的供应链运行策略——食品透明供应链。为实现供应链系统的功能目标，理论界和实务界主要关注两种供应链运行策略的研究和实践：对需求的快速反应（灵活性）和对运行成本的控制。随着经济社会环境的变迁，一些新的供应链运行策略也应运而生，如绿色供应链、生态供应链、闭环供应链、封闭供应链等。本书根据食品安全事件产生的根源及食品安全治理的根本途径，创新地提出"食品透明供应链"概念，对其内涵、基本特征进行阐释并与其他类型供应链进行比较，论证这一新概念与食品安全治理现实背景的契合性，从而为改善食品安全治理提供新的视角与思路。

（2）构建食品透明供应链驱动力模型，运用我国食品企业目前调研数据对其进行实证。供应链核心企业建设食品透明供应链的动机、影响因素及其内在作用机理是怎样的，目前学术界还缺乏研究。本书以技术接受模型为起点理论框架，在文献研究和实地调研的基础上，构建了食品透明供应链驱动力模型，形成关于驱动因素之间关系的 15 个理论假设。基于我国不同食品行业的 369 家食品企业（主要为大型企业）的调查数据，运用结构方程建模法对前述的驱动力模型进行验证。结果表明，外部压力、绩效提升、消费者支付意愿、自愿性是食品透明供应链建设的主要影响因素，其他一些假设因素则没有显著影响力。以上实证结论为制定我国的食品透明供应链政策支撑体系提供了理论依据。

（3）通过跨案例比较分析，提炼食品透明供应链运作模式。2008 年三鹿奶粉事件、2011 年双汇瘦肉精风波等重大食品安全事件促使食品生产经营者更加重视对所在供应链的食品安全风险管控，追求打造安全透明食品链。一些行业领导企业如达能集团、嘉吉集团、中粮集团等在食品透明供应链建设上积累了丰富的经验，但学术界对此缺乏研究。本书通过跨案例研究，选取国内粮油、肉制品、果蔬等行业的领导企业作为研究对象，结合内容分析法，对这些企业的成功实践进行总结提炼，提出食品透明供应链运作模式，为其他食品企业提供管理标杆。

（4）设计了食品供应链透明度评价工具。食品供应链透明度评价涉及食品供应链不同主体、不同环节、不同侧面的评价，评价对象具有明显的系统性特点。本书借鉴综合评价法，在文献研究、专家访谈和实地调研的基础上，构建出食品供应链透明度评价体系。通过以天津 H 公司为核心的乳制品供应链的试评价，证明该评价体系具有较高的效度，为以后该评价体系的完善打下了良好基础。

第二章　食品透明供应链：一种新的供应链类型

2.1 食品透明供应链的概念界定

Hofstede（2003）最早提出有关供应链（网）透明的定义：供应链（网）的所有利益相关方在没有信息丢失、噪音、延迟和失真的情况下对他们所需求的产品相关信息有共同的理解并能有效获取的程度。[1]关于该定义的详细解析如下：

1."供应链（网）"是一个由各参与者组成的有向网络，他们协作以将特定产品提供给顾客。

2.供应链（网）的（直接）参与者是一个个组织，如生产者、加工者、分销商、零售商等。

3.供应链（网）"利益相关者"是链（网）的参与者，他们要么是机构性的参与者，要么是个体性的顾客。

4."共同的理解"是透明的一个前提条件，它包括在不同的层面上拥有或能实现无缝翻译的共同的语言、意含和标准，具体包括共同的语言、共同的对关键概念的解释、共同的产品质量标准、共同的参考信息模式、共同的技术基础。

5."产品"可以是实体的产品，也可以是相关的服务。

6."产品相关信息"应从广义的角度去理解，包括原材料信息、生产过程、劳动环境、环境影响等。产品相关信息有助于特征（信息）的保留、食品安全及价值增值。

7."丢失"意味着特定参加者没有传输相关信息，从而影响产品相关信息的完整性。

8."噪音"意味着特定参加者在产品相关信息中增加了不相关的资料，从而影响产品相关信息的相关性。"噪音"是一个主观性的概念，噪音的产生可能源于参与主体间对"什么信息是相关的"缺乏一致性意见。

9."延迟"意味着特定参加者拖延了信息的发布，从而影响产品相关信息的及时性。

10."歪曲"意味着特定参加者有意或无意改变了（正确的）信息，或者产品特征变化了但没有更新信息，以致信息不能真实地反映产品的特征，从而影响产品相关信息的有效性。

Hofstede（2003）根据透明是着眼于过去、现在还是将来，将供应链（网）的透明分为三类：历史透明（History transparency）、运作透明（Operations transparency）和战略透明（Strategy transparency）。[1]历史透明指能对产品进行有效追溯，它使供应链网能对不良产品导致的损害进行快速和有效的反应。在食品行业，历史透明越来越多地依靠法律规范，或者由像家乐福这样的供应链核心企业进行规定。运作透明指商业伙伴间通过信息交流以协调彼此的行为，包括协同计划和物流。运作透明可帮助链（网）上合作企业及早对意外情况进行信号通知，例如对供给失误或意外的价格变动进行信息传递。战略透明是面向将来的，它不仅包括共享运作信息，也包括共享战略信息，如进行联合创新。

自 Hofstede 提出供应链（网）透明的概念后，一些学者将其运用到食品供应链管理领域。Kalfagianni（2006）区分了食品供应链透明的水平维度和垂直维度。[51]透明的水平维度涉及对所有供应链各个阶段各个企业的要求与法律规范，透明的具体内容包括公司战略和公司内部的操作流程。透明的水平维度还包括处于供应链特定阶段的每一企业应向他们的利益相关者和顾客提供有关他们政策和措施的信息。公司报告（有些法律对公司报告有明确的要求）是一种传递企业信息的方式，因特网正日益成为发布公司报告的有效媒介。透明的垂直维度则涉及对某一特定供应链各个企业的要求与规范，透明的具体内容包括供应链各企业关于输入流与输出流的规定。

综合前述的理论与实践成果，本书提出"食品透明供应链"这一新的概念，其定义如下：食品透明供应链是以保证食品质量与安全为目的，通过供应链企业的组织创新、管理创新与技术创新，使食品从原材料生产到终端消费全过程处于严格的监控之中，食品供应链所有利益相关者对他们所需求的食品质量安全相关信息，能在没有信息丢失、噪音、延迟和失真的情况下有共同的理解并能有效获取。

食品透明供应链适应了当前社会强烈的食品安全诉求，是一种新的供应链运行策略与管理模式。它与一般的追求成本控制或市场反应灵活性的供应链运行策略有根本的区别，强调通过在全供应链范围内对食品质量安全相关信息进行严格的收集、分析、记录与传递，从而使所有利益相关者对食品质量安全进行有效辨识与监控，最终实现食品质量与安全的目标。

2.2 食品透明供应链的基本特征

2.2.1 以保证食品质量安全为核心目的

食品透明供应链的建设有利于企业实现多方面的目的。通过食品透明供应链的建设，企业可以塑造本企业及其产品的市场美誉度和培养产品差异化竞争优势，可以规范企业的经营管理过程，可以提高供应链企业的运作效率，等等。但以上这些目标的实现都要以保证食品质量安全为前提和支撑。食品供应链正是通过其透明化运作，使食品始终严格按照高水平的质量安全标准进行处理，并接受企业、政府、消费者等利益相关方的监控、监管和监督。从此意义上说，食品供应链的"透明"只是手段，保证食品质量安全是其核心目的，树立企业及其产品的竞争优势则是最终目的。

2.2.2 对食品安全标准系统的高度依赖性

食品透明供应链的运行涉及供应链的不同阶段、不同企业和产品的不同形态，需要通过完整、特定、协调的食品安全标准对食品生产经营的过程及结果进行规范和规定。食品安全标准根据标准化对象的基本属性进行分类，包括技术标准、管理标准和工作标准，分别指导供应链的产品参数、管理体系和操作流程。根据制定标准的主体进行分类，食品安全标准可分为国际标准、区域标准、国家标准、行业标准、地方标准和企业标准。食品安全标准的完整性，要求标准的制定能覆盖供应链的各个阶段、各个操作单元和产品的各项关键指标。食品安全标准的特定性，要求供应链的核心企业应制定达到或优于行业标准的企业标准，针对不同的技术和管理对象制定相应的安全标准。食品安全标准的协调性，要求食品供应链所采用的标准要一致和统一，不能出现标准相互冲突和无所遵从的现象。

正因为食品透明供应链运行对食品安全标准系统的高度信赖性，一些国家和地区正积极探索完善的食品供应链安全标准，已出台或初步完成的标准有 HACCP 认证、英国零售商协会全球标准认证（BRC）、国际食品标准（IFS）、食品安全与品质标准（SQF2000 和 SQF10000）、食品安全系统验证标准（FSSC22000）、ISO22000 等。[52]

2.2.3 实行严格的食品质量安全信息管理

食品透明供应链的基本特征是食品供应链的利益相关者（包括供应链核心企业的经营管理者、供应链上下游企业、政府监管部门、消费者、新闻媒体等）能及时有效地了解他们所需要的食品质量安全相关信息。为此，在供应链内部需要应用一系列信息技术（如传感器、条码、RFID、手持式移动智能终端），构造一个基于全流程的、可靠的信息监控系统，其系统设计要集成信息识别、自动采集、跟踪、数据交换和实时共享技术，保证供应链的关键控制点能受到核心企业的监督，并能够通过即时的数据读写和存储实现问题食品的有效追溯。在供应链外部，能密切与利益相关方的信息沟通交流，及时准确地处理来自客户及消费者的意见、建议、投诉和咨询，及时跟踪外部各种渠道发布的食品安全风险信息并有效反馈到企业内部。

2.2.4 需要食品供应链核心企业的规范、监控与整合

供应链的生命周期包括建立、运行、解散三个阶段，从建立时的组织发起工作、运行过程中的沟通协调工作直到解散后的善后处理工作，供应链核心企业都起着组织连接和协调的作用。食品透明供应链的建立与运行需要核心企业负责评审、选择、接收、调整、淘汰供应链的成员企业，需要核心企业制定覆盖全链的相关制度、流程、规范和标准，尤其需要核心企业对各个环节的食品安全技术管理工作进行监督和控制。为规避上下游企业的机会主义行为和道德风险、增强供应链食品安全管控的力度，食品供应链核心企业倾向于构建纵向一体化的供应链治理结构，实现全产业链经营。

为保证食品的质量安全，一些学者运用供应链管理及其他领域研究的最新成果，提出了不同的食品供应链管理策略与模式，如食品产业绿色供应链、可持续食品供应链、食品封闭供应链等。

一般认为，绿色供应链是一种在整个供应链中综合考虑环境影响和资源效率的现代管理模式，它以绿色制造理论和供应链管理技术为基础，涉及供应商、生产厂、销售商和用户，其目的是使得产品从物料获取、加工、包装、仓储、运输、使用到报废处理的整个过程中，对环境的影响（负作用）最小，资源效率最高。[53]刘晔明（2011）指出，食品产业绿色供应链管理模式应包含以下几方面的内容：①食品产业绿色供应链管理模式是以绿色供应链管理理论为基础，将"绿色"理念融入整个食品产业供应链，是其在食品产业中的具体应用和发展。②食品产业绿色供应链管理模式是在可持续发展思想的指导下，在整个供应链管理过程中，实现食品安全、产业发展、环境保护、资源优化四重目标的统一。③食品产业绿色供应链管理模式系统成员复杂，是由许许多多不同的系统构成，经过归纳分类可将其分为四个子系统：生产系统、消费系统、环境系统与社会系统。④食品产业绿色供应链管理模式的运营是建立在物流、信息流、资金流、安全流等运动的基础上的，尤其强调供应链内的食品安全意识的传递运动。[54]国内外一些食品企业在打造绿色产业链上有成功的探索，如我国的伊利集团在中国乳品行业第一个提出了"绿色产业链"的概念，该企业追求打造整个经营过程的"绿色"全链条，实现企业的绿色生产、倡导顾客的绿色消费、坚持品牌的绿色发展，构筑起了一条涵盖乳业上、中、下游平衡稳健发展的"绿色产业链"，实现了全产业链共赢。

封闭供应链的概念最早由南开大学现代物流研究中心提出，并获得国家科技部科技支撑项目《绿色农产品封闭供应链技术集成与产业化示范》（编号2006BAB30B08）的立项资助。所谓"封闭供应链"是以保证产品安全及质量控制为目的，通过一系列管理制度规范和管理模式创新，确保供应链产品从生产到消费全过程处于严格的质量监管之下，达到流通全过程中的质量稳定并最大限度控制产品质量安全问题危害的供应链系统。[17]自封闭供应链概念提出后，一些研究者对食品封闭供应链的运行模式、技术支撑等进行了初步的研究。

在可持续发展与可持续农业理论和实践的基础上，一些学者探讨了食品供应链的可持续问题。Wognum 等（2011）指出，历经诸多的食品事件与丑闻后，食品供应链需要更具可持续性以重拾和维持消费者信任。消费者日益希望获知他们食品的安全性、食品的原产地以及生产和传送这些食品过程的可持续性。食品供应链的可持续性包括环境方面、社会方面及预期收益三个方面的议题。[55]苏慧婷（2009）将"可持续食品供应链"界定为：在经济维度上具有持久的盈利能力而且将盈利在链上各个环节合理分配，在环境维度上保护资源、提高利用效率、减少污染，在社会维度上建立和维护良好的社会资本，具有稳定的链内战略合作关系和链外组织——公众关系，实现了三个维度上的持续、协调发展，即构成可持续食品供应链。[56]

表2-1列明了食品透明供应链与其他类型供应链对比存在的主要区别。可见，食品透明供应链鲜明的特征在于其通过追求食品质量安全信息透明最后达致食品的质量安全，食品透明供应链的运营成本高、链条稳定性强、产品安全性高，在我国一段时期内可能较适合一些重点食品行业及重点食品品类使用，如乳制品、肉类、食用油、酒类产品、精品农产品等。

表 2-1 食品透明供应链与其他类型供应链对比

	食品产业绿色供应链	食品封闭供应链	可持续食品供应链	食品透明供应链
主要目标	食品安全、产业发展、环境保护、资源优化	过程控制、食品安全	经济、社会、环境三维的持续协调发展	食品质量安全信息透明、食品质量安全
产品安全性	一般	较高	一般	高
运营成本	较高	较高	较高	高
链条稳定性	一般	较高	一般	高
理论基础	绿色制造、供应链管理	供应链管理	可持续发展、可持续农业、供应链管理	信息经济学、供应链管理

2.3 食品透明供应链的演进路径

2.3.1 演进特征比较

20 世纪末欧洲发生了疯牛病危机、二噁英危机、口蹄疫疾病等严重的食品安全危机事件，加强食品安全治理、保证食品安全已成为重大的社会与政策议题。经济全球化背景下食品贸易日益广泛与频繁，促使有关政府、企业、NGO、学者推动关于食品供应链安全透明的研究与实践。由于制度背景的差异，各国在推进食品透明供应链建设的过程中经历了不同的路径，采取了各具特色的方式。本书以欧盟、美国、日本和中国为典型国家（地区），从多个侧面比较其丰富的历程特征（见表 2-2）。

表 2-2 食品透明供应链历程特征比较

	实践动因	推动主体	透明内容	技术手段	法律标准	治理结构	政府角色
欧盟	重大食安事件	大型超市	食品本身安全特征、食品过程特征、对环境/人/社会的影响、营销方式等	实验室信息管理系统、RFID 技术、DNA 技术等	完善	趋层级治理	法律标准制定及严格执法
美国	重大食安事件	食品企业	食品本身安全特征、食品过程特征、对环境/人/社会的影响、营销方式等	GS1 系统、RFID 技术、中央数据库等	完善	趋层级治理	法律标准制定及严格执法
日本	重大食安事件	政府与行业协会	食品生产过程中各种物质的使用、食品流通操作规范、第三方机构的检测认证	条码、ID 标签、互联网等 IT 技术	较完善	趋层级治理	法律标准制定、政策规划、政策扶持
中国	国外标准壁垒	出口企业与政府	食品生产经营过程与结果	条码、互联网、产品质量安全档案等	待完善	正式合同	法律标准制定、分段监管

从实践动因看，欧盟、美国、日本等发达国家（地区）开始食品透明供应链建设都是基于上世纪末发生的几起席卷全球的重大食品安全事件。

消费者变得更挑剔，期望知晓食品原产地、生产过程、卫生状况、生产方法、转基因饲料利用、药肥施用以及诸如食品运输距离和碳足迹等环境问题。西方政府积极响应民众食品安全诉求，通过各种措施促进供应链食品安全信息的公开与透明。受食品产业发展水平的制约，我国食品透明供应链建设基础比较薄弱，国内一些食品企业进行食品透明供应链建设最初动因主要是为了应对国外食品贸易标准壁垒的限制。如为了应对欧盟 2005 年开始实施的水产品贸易可追溯制度，国家质检总局出台了《出境水产品溯源规程（试行）》，相关水产外贸企业由此也加强了食品透明供应链建设。

在欧盟国家，食品透明供应链建设的主要推动主体是大型食品超市。据有关数据统计，在英德等发达国家中，95% 农产品是通过超市进行销售的，英国 2/3 以上的食品销售依靠排名前 4 位的大型超市。利用其品牌、渠道、管理和技术优势，这些食品超市发挥"链主"作用，与众多农场、食品加工企业形成紧密的趋层级治理结构。这些大型超市为加强对食品供应链的管控开发了一系列标准规范，使之成为食品供应链企业协调供应链活动、保障食品质量安全的重要依据，如英国零售商协会全球标准认证（BRC）、德国零售商联盟和法国零售商及批发商联盟共同制定的国际食品标准（IFS）。在市场经济高度发达的美国，食品透明供应链建设主要是由食品企业（包括食品生产商、食品销售商）自愿建立，政府主要起到推动和促进作用，供应链领导企业通过采用 GAP、GMP，SSOP 和 HACCP 等管理体系对全链进行安全管控。在日本，食品透明供应链建设的主要推动主体为相关政府部门和行业协会。日本相关政府部门根据本国实际情况，采取先试验示范然后逐步推广的做法，稳健推进本国食品透明供应链建设工作。同时，日本政府不断完善食品安全法规和社会监管体制，灵活利用强制性与自主性相结合的政策，充分发挥农民合作经济组织在食品安全保障中的重要作用。为推广食品安全可追溯系统，日本农林水产省对计划采用追溯系统的单位进行财政补贴。食品企业建立数据库、购置必要的信息处理设备等方面能获得较多的财政扶持，生产阶段所获补贴最高可达所需费用支出的 50%，流通零售阶段的最高补贴可达 1/3。由于法律标准、技术手段、组织结构等因素的制约，我国食品透明供应链建设工作还处于摸索阶段，食品供应链企业联系普遍较为松散，目前主要推动主体是食品供应链核心企业，特别是一些出口导向型食品龙头企业。我国各级政府在推动食品透明供应链建设方面也起到重大作用。国家农业部、质检总局、国家物品编码中心以及上海、北京等地政府部门出台了相关的法律、标准、规程和办法，支持食品企业建立可追溯系统、强化过程控制及信息披露，对推动食品透明供应链建设起到积极作用。

在透明内容方面，欧盟、美国等发达国家（地区）食品企业响应消费者需求，采行先进的企业标准，积极传递食品质量安全相关信息，如食品原产地、食品生产技术、生产物流过程、环境影响、劳动人权、动物福利、社会影响、公平贸易等等。日本食品企业积极揭示食品生产过程中各种物质的使用、食品流通过程操作规范、第三方机构的检测认证结果等等。我国在一些行业和地区建立的食品安全追溯平台为促进食品供应链安全透明打下了一定的基础，消费者通过追溯平台可了解产品名称、包装形态、产品保质期、原产地、包装材料、厂商信息等相关信息。

在推动食品透明供应链建设方面，各国政府都承担了重要角色。欧盟、美国等国（地区）由于市场经济体系发达及政府作为范围的明确界定，主要通过制定完善的法律制度、标准体系及对违规行为的严厉惩罚为食品透明供应链建设创造良好环境。日本通过完善与食品生产和流通相关的各种法律、法规、标准推动食品透明供应链建设的发展，同时也充分发挥产业规划和政策扶持的积极作用。我国政府在法律、标准制定及安全监管方面也发挥着重要作用。

2.3.2 演进规律总结

审视各国（地区）不同的制度背景，梳理与分析其差异化的食品透明供应链建设历程，一些共性的食品透明供应链演进规律可初步总结如下：

第一，食品透明供应链建设具有路径依赖性，应与所在国（地区）的政治、经济、社会、文化、技术等制度特征协调，采取差异化推进策略。[57]西方发达国家由于其市场机制健全、法律标准完善、产业集聚度高、企业信息管理水平先进、居民消费水平高等因素，推行食品透明供应链建设具有优越的背景条件，往往可以进行大幅度的制度创新来获得较大进展。我国国情不同，建设食品透明供应链的路径、措施理应与西方国家不同，既要积极而为，也要稳步推进。

第二，食品透明供应链建设应走公共治理之路，注重发挥食品企业的主体作用。食品透明供应链建设必须建立在食品企业自律的基础上，特别是核心企业应充分发挥整合协调作用。围绕食品安全目标，应建立政府、企业、消费者、舆论媒体多方合作、多元共治的治理体系，为食品透明供应链建设创造健康有利的环境。

第三，食品透明供应链建设需要法律标准、信息技术、治理结构等条件的支撑和保障。建设食品透明供应链需有标准可遵循、有技术可利用、治理结构封闭紧密。因此，政府、行业协会、科研机构等组织在食品安全法律标准制定、食品安全科技创新、食品产业结构优化中发挥着重要作用。

第三章　食品透明供应链：
一个分析框架

基于实践的需要及以往理论的积淀，一批学者开始克服以往研究的片面性，注重从系统的角度思考食品供应链安全信息透明化的问题。如Trienekenst 等（2012）尝试性提出了一个食品供应链透明性分析的框架，该框架包括五个组分，顾客/政府和食品企业是食品供应链透明的需求者，信息系统、质量安全标准和治理机制是食品供应链透明的推动因素，其中信息系统和技术的运用是促进食品供应链透明化的重要手段。[58]但该分析框架的结构和内容仍显简单粗糙，有待进一步深入与拓展。

分析框架是人们感知和解释社会经验的一种认知结构，它的功能在于能够使它的使用者定位、感知、确定和命名那些看似无穷多的具体事实。[59]食品透明供应链是一种全新的供应链运行策略，在开展相关理论研究前有必要对食品透明供应链的分析框架进行搭建与描述。基于已有的理论与实践成果，本研究提出一个初步的食品透明供应链分析框架（见图3-1），揭示食品透明供应链的驱动主体、流程特征和保障条件，为后续研究作理论铺垫。

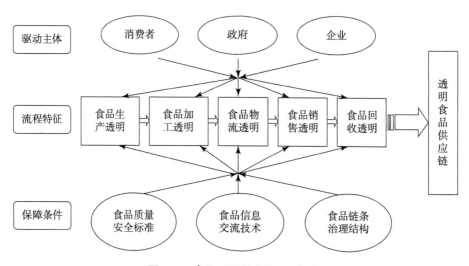

图 3-1　食品透明供应链分析框架

3.1 食品透明供应链的驱动主体

食品相关主体出于自身利益考虑要求供应链食品安全信息开放和交流，从而成为食品透明供应链的驱动力量，这些主体包括消费者、政府部门、食品企业、行业协会、媒体组织、科研机构、环保组织、动物保护者协会等。以下部分从消费者、政府部门和食品企业三方面主体进行阐释。

3.1.1 消费者

随着消费层次的不断提高，消费者对食品的需求特点也在不断变化。一般的趋势是，消费者对食品更为挑剔，且往往对于食品的生产及销售有个性化的需求和期望。这种变化的结果之一，就是导致生产和消费模式日益趋向大规模定制。受不断出现的食品安全事件的影响，消费者对食品安全特别关注，希望了解食品及其生产经营过程的有关特征信息。表 3–1 总结了消费者关注的食品质量安全特征类型，包括食品内在特征、食品外在特征与食品过程特征。食品内在特征涉及食品本身的生物、物理、化学特征，食品外在特征则指与食品质量安全有密切关系的原产地、生产企业、品牌等外部信息。食品内在特征与外在特征一般通过粘贴、印刷、标记在食品或者其包装上的食品标识予以揭示，食品标识的完整真实、通俗易懂有助于消费者全面准确地了解食品本身的质量安全水平。食品过程特征指食品生产经营过程中所采用的技术和方法及其对环境、人和社会的影响，消费者可通过实地观察、网络访问等途径了解食品过程特征。

食品透明供应链充分地向消费者传递食品生产经营的过程信息及食品的品质信息，可以帮助消费者有效地了解食品的内外特征及过程特征，从而增强其对食品的信任，提高购买食品的支付意愿。

表 3–1　食品质量安全相关特征

特征类型	特征内容
食品内在特征	食品名称、组成成份、食品功能、保质期等
食品外在特征	原产地、生产企业、品牌等

特征类型		特征内容
食品过程特征	过程技术	生产系统特征（如传统的、有机的）、饲养制度、运输距离、辅料（肥料、杀虫剂、兽药、食品添加剂）输入、生物技术（如基因技术、纳米技术）采用、动物福利等
	对环境、人和社会的影响	粪肥处理、土壤和水源污染、森林砍伐、大气污染、包装材料、劳动者权益维护、企业社会责任
	需求和供给	公平贸易、采购过程的公正透明合法

改编自：Trienekens J H, Wognuma P M, Beulens A J M, et al. Transparency in complex dynamic food supply chains[J]. Advanced Engineering Informatics, 2012, 26（1）: 55-65.

3.1.2 政府部门

"民以食为天，食以安为先"，保障民众食品安全是政府代表人民利益的一个重要方面。重大食品安全事故的发生及其引致的严重社会问题，往往会削弱政府的公信力、动摇政府的执政基础。近二十年来，加强政府部门的食品安全监管能力已成为行政改革的重要议题。一些西方国家政府部门通过监管体制创新、法律标准制定及充分发挥食品行业组织的作用，有力加强了政府食品安全监管能力。我国政府在这些方面也进行了大量的工作，但正如《"十三五"国家食品安全规划》所指出的，我国食品安全形势依然严峻，"一是源头污染问题突出。一些地方工业'三废'违规排放导致农业生产环境污染，农业投入品使用不当、非法添加和制假售假等问题依然存在，农药兽药残留和添加剂滥用仍是食品安全的最大风险。二是食品产业基础薄弱。食品生产经营企业多、小、散，全国1180万家获得许可证的食品生产经营企业中，绝大部分为10人以下小企业。企业诚信观念和质量安全意识普遍不强，主体责任尚未完全落实。互联网食品销售迅猛增长带来了新的风险和挑战。三是食品安全标准与发达国家和国际食品法典标准尚有差距。食品安全标准基础研究滞后，科学性和实用性有待提高，部分农药兽药残留等相关标准缺失、检验方法不配套。四是监管能力尚难适应需要。监管体制机制仍需完善，法规制度仍需进一步健全，监管队伍特别是专业技术人员短缺，打击食品安全犯罪的专业力量严重不足，监管手段、技术支撑等仍需加强，风险监测和评估技术水平亟待提升。"①为此，《中共中央国务院关于深化改革加强食品安全工作的意见》（2019年5月9日）明确了到2035年"食品安全风险管控能力达到国际先进水平，从农田到餐桌全过程监管体系运行有效，食品安全状况实现根本好转，人民群众吃得健康、吃得放心。"在落实食品生产经营者的主体责任上，《意见》提出"食用农产品生产经营主体和食品生产企业对其产品追溯负责，依法建立食品安全追溯体系，确保记录真实完整，确保产品来源可查、去向可追。国家建立统一的食用农产品追溯平台，建立食用农产品和食品安全追溯标准和规范，完善全程追溯协作机制。加强全程追溯的示范推广，逐步实现企业信息化追溯体系与政府部门监管平台、重要产品追溯管理平台对接，接受政府监督，互通互享信息。"②

政府通过政策法律的激励约束作用，能为食品透明供应链的建立及有效运行提供良好的文化舆论、法律标准、财税支持、技术支撑等环境条件，增强食品企业生产经营安全食品的动力和能力，从而预防重大食品安全事件的发生，保障民众的生命与健康，实现政府的善治目标。

3.1.3 生产经营者

对食品生产经营者来说，建设食品透明供应链对其存在四个方面的激励作用：[58]

3.1.3.1 可有效满足食品质量安全利益相关方的各种信息需求

消费者需要了解食品生产经营的过程和结果，食品企业通过展示、标识、报告等途径向消费者传递食品质量安全相关信息，可以增强消费者对食品的信任感。政府部门在履行食品安全监管职责过程中，需要监督检查食品企业遵守法律规范、符合安全标准、承担社会责任的有关情况，并向社会发布食品安全风险评估、监督抽样结果。食品企业的经营管理者也需要实时掌握本企业食品安全预防、保证工作的实施情况，从而有效地进行

---

① 中华人民共和国国务院 . "十三五"国家食品安全规划［EB/OL］.http：//www.gov.cn/zhengce /content /2017−02/21/content_5169755.htm，2017−02−21.

② 中华人民共和国中央人民政府 . 中共中央　国务院关于深化改革加强食品安全工作的意见［EB/OL］. http://www.gov.cn/zhengce/2019−05/20/content_5393212.htm?tdsourcetag=s_pcqq_aiomsg，2019−05−09.

食品安全风险防控。此外，新闻媒体、行业协会、环保组织、社区居民等利益相关者也需要了解企业食品生产经营的过程和结果信息。

3.1.3.2 有利于快速查明食品安全事件原因、召回问题产品

食品安全追溯系统是食品透明供应链运行的重要支撑，通过追溯系统食品企业可迅速查明问题产品的批次、产生问题的环节、发生事故的原因和有关的责任人，从而有利于产品召回、责任归属和管理强化。同时，食品企业快速从市场上召回问题产品，或及时通告产品的下游使用商，能减少食品安全事件发生，使相关赔偿成本、品牌损失降至最低。

3.1.3.3 实现运营流程的优化

食品透明供应链中的核心企业起着信息集成中心和物流集散中心的作用。[60]通过整合的信息系统，供应链企业能进行有效的信息交流。由此，来自下游客户和消费者的需求能迅速传递到核心企业，核心企业经过处理后，把分解后的需求信息（如食品原材料、辅料、食品初级加工品等）发送给上游供应商。上游订单完成后，再依相反方向从上游企业将信息反馈给核心企业，经核心企业处理后再反馈给下游企业。供应链企业通过有效的信息共享能消除信息延迟及供应链复杂性提高引致的"牛鞭效应"。同时，供应链核心企业扮演着全链物流集散"调度"的角色，向上游供应商适时发出物料需求指令，向下游企业适时发出供货指令，确保各节点企业都能在正确的时间、正确的地点得到正确数量的产品，既不造成缺货，又不造成库存积压，把供应链综合成本减至最低限度。在食品供应链核心企业内部，通过食品质量安全的透明化管理，可以有效地整合企业内部的信息流、物流、资金流，可以规范业务流程、统一标准、固化操作，实现企业流程再造。综上，食品透明供应链可以帮助供应链企业建立快速供应体系，实现快速的物流周转，降低供应链综合库存水平，实现全链运营流程的优化。

3.1.3.4 培育差异化竞争优势

迈克尔·波特提出差异化战略理论，指出企业可通过产品功能、质量、服务、营销等方面的特质吸引顾客注意并购买，从而赢得市场，取得高于同行业对手的收益。[61]食品透明供应链企业可以向食品市场清晰揭示自身食品的质量安全特征，与其他食品有效地区别开来，从而获得客户和消费者的信任，增强其支付意愿。

3.2 食品透明供应链的流程特征

食品供应链企业从事食品生产、食品加工、食品物流、食品销售、食品回收等活动，食品透明供应链流程特征主要表现为以上各环节的安全透明（见表3-2）。

表 3-2 食品透明供应链流程特征

食品供应链流程	流程透明规范
食品生产透明	农产品核心信息和农产品外围信息
食品加工透明	生产环境及设备标准、原料质量及添加剂使用、生产技术操作规程、包装材料、产品检验、企业认证资格、企业社会责任履行
食品流通透明	库房条件、贮藏环境、运输设备、装载器皿、装卸设备、流通加工等
食品销售透明	保质期等标识信息、清洁消毒产品使用、温控设施设备、农残检测结果、收货制度及标准、供应商选择标准、从业人员健康检查及培训、企业社会责任履行等
食品回收透明	回收原因、危害的性质和消费的后果、食品废弃物批次及数量、相关责任方、回收处理方式、回收处理结果等

3.2.1 食品生产透明

食品生产指粮食、蔬菜、肉类产品、水产品、水果等食用农产品的生产过程，该环节是食品安全的源头。食品生产透明体现为以下两方面食品信息的透明：①农产品核心信息。主要包括产地、品名、批号和序列号、生产日期及质量认证。这些信息应在农产品的包装单元上以文字、条形码等形式予以标识。②农产品外围信息。主要包括产地环境（土壤、水、空气质量等）、农业投入品（农药、化肥、兽药等）使用、动物喂养方式及饲料、生产对环境的影响、动物福利、物流信息等。这些信息应通过附加文本或存放于网络服务器等途径方便相关方查询。

3.2.2 食品加工透明

食品加工企业对食品原材料进行深加工，以满足市场需求。为保证加工食品的质量安全，食品加工企业需按照相关的质量安全标准进行加工过程，并使食品加工过程信息透明化。食品加工企业应向相关方揭示以下食品相关信息：①生产环境及设施设备。加工地所在地空气、生产用水、土壤等方面品质信息以及生产设备、生产设施等的使用情况。②原料品质及添加剂使用。原料食品符合"三品"（无公害食品、绿色食品、有机食品）标准情况，加工过程中使用添加剂种类、质量等级及用量等。③生产技术操作规程。食品加工过程中采用的生产技术、卫生规范、操作规程等。④包装。用于食品包装的材料符合相关标准的情况。⑤产品检验检测。产品检验设备、产品检验人员及产品检测结果达到相关标准的情况。⑥企业认证资质。企业获得 QS 认证、GMP 认证、HACCP 管理体系认证等认证的情况。⑦企业履行社会责任情况。企业在保护环境、维护劳动者权益、促进社区发展、遵从良好商业伦理等方面情况。

3.2.3 食品物流透明

食品物流是食品从生产领域转移到消费领域所经历的食品仓储、包装、运输、配送等过程环节，食品（特别是生鲜食品）对物流过程中的环境条件（温度、湿度等）、物流时长有非常严格的要求，食品物流透明是确保食品质量安全的重要条件。食品物流企业应向相关方提供以下透明信息：库房条件、贮藏环境、运输设备、装载器皿、装卸设备、流通加工等。随着冷链在食品物流中的扩大应用，关于冷链建设的数量和质量应成为食品物流企业向相关上下游食品企业明示的内容。

3.2.4 食品销售透明

食品销售是食品超市、农贸市场、餐馆、集体食堂等组织的食品售卖行为，是食品"从农田到餐桌"的重要环节，也是容易引起食源性疾病的环节。食品销售企业应以保障食品安全为突出任务，向利益相关者提供所售食品的安全透明信息：保质期等标识信息、清洁消毒产品使用、温控设施设备、农残检测结果、收货制度及标准、供应商选择标准、从业人员健康检查及培训、企业社会责任履行等。

3.2.5 食品回收透明

在食品销售、烹饪和消费过程中会产生大量的食品废弃物，这些食品废弃物的不当处理会影响食品安全，以往发生的"地沟油事件"便是例证。销售过程中的食品废弃物或已过期变质，或已受到污染，不适合继续销售；餐饮过程中的食品废弃物富含水分和油脂，易受微生物利用和非法再利用。对食品废弃物的回收处理应成为食品供应链研究的重要内容。产生食品废弃物的企业及从事食品废弃物回收处理的企业应向有关利益相关方充分揭示食品废弃物回收处理的相关信息。食品销售企业应向相关方披露以下食品废弃物回收处理信息：产品名称、包装规格和类型、批号或序列号、回收原因、危害的性质和消费的后果、相关责任方、回收处理方式、回收处理结果。餐饮组织及食品废弃物回收企业应向相关方披露食品废弃物回收处理相关信息：回收处理企业、食品废弃物批次及数量、相关责任人、回收处理工艺、回收处理结果。

3.3 食品透明供应链的保障条件

食品透明供应链建立和运行需要多方面条件的支撑，尤其倚重三方面保障条件：食品质量安全标准、信息技术平台、供应链治理结构。

3.3.1 食品供应链安全标准

食品供应链安全标准内容广泛，包括安全食品生产、加工、包装、运输、销售等环节的食品生产过程及食品自身特征的相关协议乃至法律标准。食品供应链安全标准为供应链企业提供关于运营过程和产品特征的基准要求，从而成为保障食品透明供应链的前提条件。从国际层面看，目前还没有一部全球统一的、能为国际社会普遍接受和行之有效的国际食品供应链管理解决方案，但相关努力正在进行之中。1962 年联合国粮农组织（FAO）和世界卫生组织（WHO）共同建立国际食品法典委员会（Codex Alimentarius Commission，CAC）作为制定国际食品安全标准的政府间组织，食品法典已成为全球消费者、食品生产和加工者、各国食品管理机构和国际食品贸易重要的参照标准。从地区和国家层面看，欧盟 2002 年实施的《食品基本法》为保障食品透明供应链提供了严格的法律规定。发源于美国的危害分析和关键控制点（HACCP）管理体系、良好操作规范（GMP）和卫生标准操作规范（SSOP），作为保障食品透明供应链的体系标准为许多国家和国际社会所接受。从企业层面看，为保障终端食品的质量安全，从 20 世纪 90 年代以来，西方一些零售商和龙头食品企业制定了各种严格的食品安全标准以控制食品的生产和加工过程，这些标准已成为食品供应链企业协调供应链活动、保障食品质量安全的重要依据，如英国零售商协会全球标准认证（BRC）、德国零售商联盟和法国零售商及批发商联盟共同制定的国际食品标准（IFS）等。

3.3.2 信息技术平台

为建成食品透明供应链，关于食品自身特征和食品过程特征的信息必须在全供应链范围内充分交流和共享。食品安全信息内容广泛，包含了食品生产、加工、物流、销售、回收各环节的丰富具体的相关信息。食品安全信息的交流需具备及时性和准确性特点，及时的信息收集和录入才能发挥信息的效用，而准确信息的传递能促进食品供应链各主体的协同行为、保障食品质量与安全。在经济全球化背景下，食品供应链企业往往分布广泛，不同地域的食品供应链企业、政府监管部门及食品消费者对食品安全信息的要求及标准往往不一样，这也增加了供应链食品安全信息交流的复杂性。在此情境下，食品供应链需要一个高度柔性的捕捉、储存、处理和交流食品信息的整合性信息系统。目前，一些交流运营数据的信息系统在食品企业中大量运用，如仓库管理系统（Warehouse Management System）、实验室信息管理系统（Laboratory Information Management system）、企业资源计划系统（Enterprise Resource Planning System）等。食品供应链企业通过电子数据交换（EDI）、可扩展标记语言（XML）等形式在部门间或企业间交流相关食品信息，运用条形码、射频识别（RFID）、区块链等技术进行食品信息的标记和识别。虽然国内外一些大型食品企业正逐步采用以上信息系统和技术进行食品安全管理，但真正意义上的食品供应链整合信息系统还不普遍，覆盖整个食品供应链的信息技术平台面临协调、技术、成本等方面的困难。目前，由国际物品编码协会（GS1）所开发和实施的物流系统标准及解决方案正成为一个促进食品透明供应链建设的共同信息技术平台。

3.3.3 供应链治理结构

食品透明供应链需要供应链参与企业以食品质量安全为共同目标，进行密切协调与信息共享，这就需要供应链企业之间建立有效的治理结构。治理结构是决定完整交易的制度性框架，包含了各种对特定交易进行调节的正式与非正式的制度。[62] 根据供应链参与企业协调或控制生产过程不同环节的程度，治理结构种类构成了一个从市场协调到层级协调的连续体，包含了现货市场、口头协议、正式合同、股权契约、纵向整合等典型结构。根据交易成本理论，有效的治理结构是一种对交易成本选择的结果，这些成本包括市场搜寻、谈判、签约、监管等。由于食品安全信息的广泛性和复杂性以及第三方检测认证成本的高昂，食品供应链企业往往无法对其他企业提供的食品信息的真实有效性进行甄别，从而给食品企业的机会主义创造条件，以前在我国发生的三聚氰胺事件、瘦肉精事件就是例证。为保障食品透明供应链的运行、实现食品质量安全目标，食品供应链企业应通过正式合同乃至纵向整合方式、运用统合全链的质量控制系统，建构趋层级治理结构。近几年来出现在我国食用农产品领域的治理结构选择（如农超对接、订单农业、基地农业等）适应了食品供应链透明、可持续发展的要求。

第四章　食品透明供应链
生成的驱动机理

为深入剖析食品透明供应链的形成机理，有必要系统分析食品透明供应链生成的影响因素及其内在机理，构建系统化的驱动力模型，从而为食品透明供应链建设的路径选择与政策制定提供理论依据。

4.1 理论框架起点选择

食品透明供应链建设是一个管理创新的过程，也是一个技术创新的过程，需要食品供应链企业（特别是核心企业）管理者和员工做出持续的决策和行为改变。关于企业管理（技术）系统变革的原因解释，学术界已有许多不同的理论方法，这些方法根植于心理学、社会学、经济学等学科土壤之中，技术接受模型（Technology Acceptance Model）是其中一个广受关注和应用的理论方法。技术接受模型原初主要研究个人或组织采用新信息技术（如图形系统、远程学习、远程工作）的决策影响因素，但一些学者对其进行进一步提炼以解释各种技术、管理创新中的决策问题。采用该模型的适宜性在于它设计良好且已运用到不同国家逾 50 种技术和系统的分析上。由此，本研究拟以技术接受模型为理论框架起点来研究食品透明供应链建设的影响因素及其作用机理。

从理论流变上看，技术接受模型较早的理论来源是理性行动理论（Theory of Reasoned Action）。该理论由美国学者菲什拜因（Fishbein）和阿耶兹（Ajzen）于 1975 年提出，其理论前提认为人经常是非常理性且能系统地利用他（她）所接收的信息，在决定采取或不采取特定行为前，人们能考虑到他们行为的意义。理性行动理论认为个人的行为意图是个人行为的直接决定因素，而这种意图是个人对行为的态度（包括积极评价和消极评价两种）和个人社会压力感知（称为社会性规范）的函数，具体内容见图 4-1。[63]

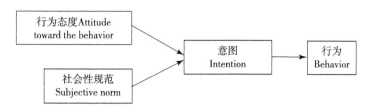

图 4-1 理性行动理论

理性行动理论关于行为仅仅需要动机（意图）的假设受到了学术界广泛的批评，为应对这种批评，理性行动理论发展为计划行为理论（Theory of Planned Behavior）。该理论认为，行为除受意图决定外，还受感知行为控制（Perceived behavior control）影响（见图 4-2）。[64] 感知行为控制是一种非动机因素，指个体实施特定行为的能力，包括必要的机遇和资源（如时间、金钱、他人的合作、技能等）。

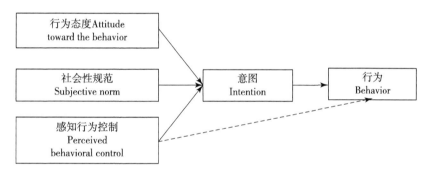

图 4-2 计划行为理论

Davis（1989）在理性行动理论和计划行为理论的基础上提出了技术接受模型，该模型认为如何和什么时候运用一项技术的决定取决于管理者和员工采用这项技术的行为意图，行为意图取决于管理者和员工对采用这项技术的态度（积极态度或消极态度），而态度又受感知有用性及感知易用性的影响（见图 4-3）。[65] 感知有用性指个体认为运用特定系统将提升绩效的程度，感知易用性指个体认为运用特定系统容易的程度。

Davis（2000）在技术接受模型基础上，通过引入两个构想对技术接受模型中的感知有用性进行操作化处理，从而提出技术接受扩展模型（TAM2）。[66] 该模型认为感知有用性受社会影响过程（Social influence processes）和认知工具性过程（Cognitive instrumental processes）两个因素的影响，社会影响过程包括社会性规范、自愿性和形象三方面，认知工具性过程包括工作相关性、产出质量、结果可证性和感知易用性四个方面（见图4-4）。社会性规范是社会环境对个体行为意图的要求及影响，其对采用意图（当利用某种技术被认为是必需的）和感知有用性有积极的正向影响。自愿性在社会性规范和利用意图间起调节作用，当利用某种技术是自愿时，社会性规范对利用意图没有直接的影响。形象是指运用某种创新技术的个体在社会系统中的地位，形象效果越好，运用创新技术的感知有用性越大。社会性规范对形象有积极的正向影响。工作相关性指个人对目标系统适用其工作的程度感知，输出质量表示一种技术执行它能够执行的任务的状况，结果可证性表明运用某种技术创新的成果的显著性，三者对感知有用性都有正向影响。

图4-3　技术接受模型

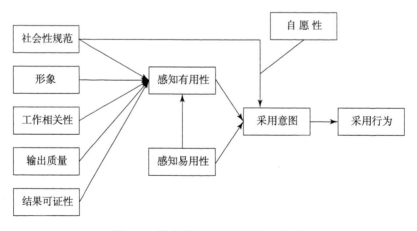

图4-4　技术接受扩展模型（TAM2）

技术接受模型处在不断的发展过程中，其解释能力在不断地提高。食品透明供应链建设的根本推动主体应是食品企业（包括食品生产商和经营商），食品企业能否积极响应市场食品安全诉求、采用安全标准和信息管理技术、实施或参与供应链纵向整合，涉及管理、技术等多方面的变革决策，受诸多因素的影响。因此，以技术接受模型为理论研究起点，对其进行进一步精炼，结合食品透明供应链建设中的客观问题，采取更宽广的视野，构建更适用的分析模型，具有理论上的可行性。

4.2 食品透明供应链驱动力模型设计

借鉴技术接受模型的思路和逻辑，本研究认为食品供应链核心企业能否发挥"链主"作用、实施管理与技术创新以保障食品安全的透明行为，取决于其对这种行为的态度（意图）。透明意图受效用感知和限制感知两方面因素的影响，而效用感知受外部压力、绩效提升、技术可靠性和消费者支付意愿四个方面因素的影响。外部压力也影响透明意图，自愿性在两者间起调节作用。本研究的理论框架见图4-5。

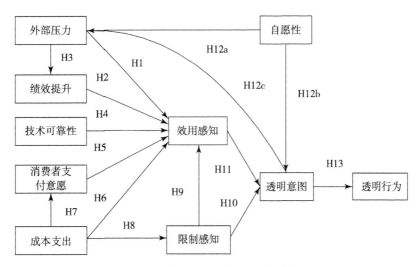

图4-5 食品透明供应链驱动力模型

外部压力指来自国内外政府（行业组织）食品安全透明方面的法律和标准规定、强有力客户（包括其他供应链企业和消费者）的食品安全透明要求以及食品行业标杆企业的示范效应。为应对频发的食品安全事件，各国政府都通过完善相关法律和标准体系对食品生产经营活动进行更严格的规制。2009 年我国颁布实施《食品安全法》及其实施条例，强化了生产经营者食品安全第一责任人的责任，提高了食品安全违法成本。2002 年欧盟通过《食品基本法》（NO.178/ 2002），要求从 2005 年 1 月 1 日起在欧盟范围内销售的肉类食品都必须能够进行追溯，否则就不允许上市销售。2002 年美国国会通过了《生物反恐法案》，明确规定所有进口到美国的食品必须经过 FDA 或 USDA 的登记，经检验合格的才允许进口，种植和生产企业必须建立食品安全可追溯制度。来自法律和标准日趋严格的压力会增强食品企业打造食品透明供应链的效用感知。强有力客户中的供应链其他企业（如大型食品零售企业）和挑剔的消费者对所供应食品的安全性会提出严苛的要求，这也会增强食品企业打造食品透明供应链的效用感知。食品行业标杆企业在食品透明供应链建设方面卓有成效，如我国中粮集团通过打造全产业链模式保障食品安全，国外沃尔玛超市从源头采购到终端销售严格执行贯穿整个链条的食品安全管理体系。食品行业标杆企业的示范引领作用使其他追随企业意识到从事食品透明供应链建设的必要性与紧迫性。

H1 外部压力正向作用于效用感知。

绩效提升指建设食品透明供应链对企业绩效的增进作用，它源于三方面活动对企业绩效的贡献：流程管理（即促进企业流程优化、存货减少、及时供应等）、问题产品召回、竞争优势培育（即帮助企业实现产品和过程差异化、品牌形象提升）。通过建设食品透明供应链，上下游企业之间和企业内部各环节之间能根据市场需要更好地协同，流程的标准化、规范化程度得以提高，降低存货水平、减少产品脱销、减少超出保存期的损失、提高食品安全水平，从而有助于提升企业绩效。

为保护消费者利益，各国都从法律层面规定了问题产品的召回制度。对企业来说，产品召回的损失取决于产品召回概率及产品召回对企业绩效的损害。产品召回出现的概率很大程度上受产品特征的影响[67]，鲜活食品因其更易受微生物污染召回概率比其他食品要高。产品召回的短期损害包括召回的物流成本、实验分析的费用、与利益相关方进行风险交流的成本、问题产品投入浪费等等。长期损害则包括企业形象与品牌受损、产品重新开发的成本、营销强化的投入、对供应链及企业内部流程重新设计的成本等等。食品供应链核心企业通过建设食品透明供应链可以有效保障食品安全，降低不安全食品召回的概率及其损害，从而促进企业绩效提升。

一些食品企业采取基于食品特征的产品差异化战略[68]，如有机生产、相关标准认证产品、食品安全管理体系认证、驰名商标等。以上差异化战略会增强食品消费者对该食品的信任感，有利于食品销售和利润增长，从而提升企业绩效。

食品透明供应链建设可增进企业绩效，这能增强食品企业经营管理者对建设食品透明供应链的效用感知。同时，只有食品产业处于一个良性的外部压力环境下，食品透明供应链建设对企业绩效的提升作用才能充分显现。政府规制严明有力、消费者和客户有较大的市场力量、行业标杆企业的示范引领作用明显，安全透明食品才能真正区别于不安全及假冒伪劣食品从而实现优质优价，切实消减"柠檬市场"现象。

H2 食品透明供应链带来的企业绩效提升对效用感知有正向影响。

H3 外部压力对绩效提升有正向影响。

技术可靠性指食品透明供应链管理措施与技术手段能有效防止责任主体的机会主义行为、规避责任主体道德风险、有效识别传递食品安全信息的能力。食品安全信息不对称是食品安全事件层出不穷的根本原因，食品安全责任主体（包括供应链上下游企业和相关环节负责员工）的机会主义行为往往是食品安全事件的直接原因。食品企业通过建立和执行系统的管理制度、流程和规范提高生产经营过程的标准化水平，能有效消减责任主体的机会主义行为，从而促进食品安全。同时，通过提高生产经营过程的工业化、信息化和自动化水平，采用先进的检验检测技术，建立完善可追溯体系，可对食品生产经营全过程进行有效管控，提高食品安全信息传递的数量、质量与效率，从而有效保障食品安全。

H4 技术可靠性对效用感知具有正向影响。

消费者支付意愿指个体消费者对安全透明食品的购买意愿。食品透明供应链运作的目的是给消费者提供安全透明的食品，这些食品具有质量安全标识完整真实、质量安全信息可追溯等特征。朱淀等（2013）以江苏无锡市消费者为例研究得出，消费者愿意为可追溯猪肉的安全信息支付额外的价格，支付意愿随着安全信息层次的上升也相应提高。[69]刘晓琳等（2015）对云南昆明、浙江杭州、福建厦门、河南信阳等四个城市的570位茶叶消费者进行了问卷调查，研究结论表明：54.2%的消费者愿意为可追溯茶叶支付额外价格，消费者愿意为可追溯茶叶支付的平均额外价格是高于普通茶叶的5.752%。[70]郑建明等（2016）对北上广城市消费者的调查结果显示：消费者对可追溯体系的态度显著影响其购买可追溯水产品的意愿，且偏效应为正；有更高安全信息需求和家庭中需要抚养小孩的人群，会更具有强烈意愿选择购买可追溯水产品以及为其支付高额的价格；中老年群体对购买可追溯水产品具有更高的消费倾向，受过高等教育、收入水平较高者更有可能为可追溯水产品支付额外的价格。[71]消费者对安全透明食品支付意愿的提高有助于食品透明供应链企业的市场价值实现，从而提高其建设食品透明供应链的效用感知。

H5 消费者支付意愿对效用感知有正向影响。

成本支出指食品企业建设食品透明供应链中发生的设备设施采购使用和维持成本、管理成本、人工成本、认证费用、外部咨询顾问成本等成本支出。Caswell 等（1996）和 Banterle 等（2006）研究认为，食品企业可追溯体系的投资决策内在地取决于其投资的净收益，收益应该至少能弥补成本；如果投资成本过高或预期收益不确定就可能影响企业的投资决策。[72-73]如果建设食品透明供应链发生的成本支出较大，与经济效益的关系又不明朗或企业不能从市场收益中很快地消化这部分成本，则企业经营管理者的限制感知会比较强烈，效用感知会比较弱。

企业建设食品透明供应链的成本支出最终必然会转移到消费者，而消费者往往对食品价格较为敏感。王一舟等（2013）以北京为例研究指出，整体来说目前消费者对蔬菜可追溯标签的认可度及支付意愿均不高，对标签信息作假、价格上升后蔬菜的质量安全仍得不到保证等问题仍然担忧。[74]

H6 成本支出对效用感知有负向影响。

H7 成本支出对消费者支付意愿有负向影响。

H8 成本支出对限制感知有正向影响。

限制感知涉及对建设食品透明供应链综合限制因素（包括技术基础、文化氛围、领导支持等）的判断。较强的限制感知表明食品透明供应链的运作缺乏相应的条件支撑，从而降低实施者的效用感知及透明意图。

H9 限制感知对效用感知有负向影响。

H10 限制感知对透明意图有负向影响。

效用感知指对建设食品透明供应链综合收益的判断。企业是经济性组织，企业活动的目标是为了创造收益。建设食品透明供应链有利于保障食品安全、减少产品召回、优化运营流程、培育竞争优势等等，对企业绩效有正向影响，使得企业经营管理者有动机（意图）从事该活动。

H11 效用感知对透明意图有正向影响。

如前所述，外部压力主要来自法律法规和强有力客户的约束。依照对行为要求程度的不同，法律规范可分为强制性规范、倡导性规范和任意性规范，强有力客户对食品企业的规范约束力也大致可划分为以上三类。食品企业所接受的三类规范分别代表了不同的建设食品透明供应链的自愿性水平。规范的强制性越强，企业为了生存和发展将不得不从事食品透明供应链的建设，其建设食品透明供应链的自愿性（自主性）便会越低，由此可见，外部压力对自愿性有负向影响。在一个低的自愿性水平下，企业的透明意图将会增加。同时，为了规避法律制裁、响应市场需求，食品企业有意从事食品透明供应链建设。

H12a 外部压力对自愿性有负向影响。

H12b 自愿性对企业的透明意图有负向影响。

H12c 外部压力对透明意图有正向影响。

与技术接受模型的观点一致，本研究假设透明行为是透明意图驱动的结果。

H13 透明意图对透明行为产生正向影响。

4.3 实证分析

食品透明供应链驱动力模型涉及多个原因和多个结果的关系，且变量多是不可直接测量的潜变量，为有效检验以上假设，本研究拟采用结构方程建模法。

4.3.1 问卷设计及样本描述

4.3.1.1 问卷设计

为深入剖析食品供应链核心企业建设食品透明供应链的驱动机理，本研究采用问卷调查法收集相关信息。该问卷共分两部分，第一部分是基本信息，包括填答者职务、所属行业、主营产品、企业性质、业务类型、从业人数、主营收入、体系认证八个方面的背景信息。第二部分是主体信息，根据前述驱动力模型中的九个变量设计相应问题。问题设计的依据是有关理论文献及研究者实地调研访谈成果，在问题设计上追求科学性、代表性、相对独立性、可衡量性、系统性原则，使问题与研究变量具有高度相关性。由于"食品透明供应链"是本研究提出的一个新概念，在题项设计中不便直接采用，为帮助回答者理解，在设计上采用"追求／保障食品供应链关键控制点的安全透明"等表述。

为测试本问卷的信度和效度，在正式调查前本研究进行了小规模的预调查。预调查共分发问卷 60 份，采取打电话、发电子邮件、面谈等方式倾听、记录答卷者对问卷的意见和建议，包括问卷的整体设计、具体题项的设计、措辞的简明得体等方面。在此基础上，研究者对问卷进行修正，删除了一些不适当的题项，增加了一些更适合的题项，最后形成本研究的正式问卷。问卷包括背景信息题 8 道，主体信息题 29 道（见表 4-1）。主体信息题有 28 道题采用李克特五点计分法设计，1—完全不同意，2—不太同意，3—不确定，4—基本同意，5—完全同意。第 29 题答案依透明行为状态分为四等，1—完全不透明，2—不太透明，3—基本透明，4—完全透明。

表 4-1　问卷研究变量及题项设计

研究变量	题号	题　项
外部压力	1	为了响应客户和消费者的食品安全需求，我们追求食品供应链关键控制点的安全透明。

续表

研究变量	题号	题　项
外部压力	2	行业标杆企业的成功实践促使我们从供应链角度追求关键控制点的安全透明。
	3	银行在做企业信用评级时会考察企业质量安全管理体系的认证情况。
	4	政府的食品安全监管和有关法律法规、标准趋严是企业追求食品供应链关键控制点安全透明的重要原因。
	5	保障食品供应链关键控制点的安全透明是切实履行企业社会责任的必要措施。
绩效提升	6	保障食品供应链关键控制点的安全透明有利于优化企业内部运营流程。
	7	保障食品供应链关键控制点的安全透明有利于产品营销和品牌建设。
	8	保障食品供应链关键控制点的安全透明有利于防范产品召回、产品退市及其他风险。
	9	保障食品供应链关键控制点的安全透明有利于提高企业的经济效益。
技术可靠性	10	保障食品供应链关键控制点的安全透明能有效防止供应链企业或业务部门食品不安全行为。
	11	通过保障食品供应链关键控制点的安全透明我们能对具体批次产品的安全信息（如检测结果、生产时间等）进行有效追溯。
	12	保障食品供应链关键控制点的安全透明有助企业迅速准确地识别食品供应链中的食品安全风险因素。
成本支出	13	保障食品供应链关键控制点的安全透明会付出昂贵的人、财、物、管理等成本。
	14	保障食品供应链关键控制点的安全透明所支付的成本在企业成本结构中占有较大比例。
	15	保障食品供应链关键控制点安全透明的成本支出难以弥补由此产生的收益增长。
消费者支付意愿	16	消费者对采用先进质量安全管理体系企业生产的安全透明食品的购买意愿和能力较低。
	17	消费者对质量安全认证食品缺乏认知。
效用感知	18	保障食品供应链关键控制点的安全透明有利于提升我们企业的市场竞争力。
	19	保障食品供应链关键控制点的安全透明有利于规避内外各种质量安全风险。
	20	保障食品供应链关键控制点的安全透明并不能保证食品的安全。
限制感知	21	企业目前还没有相应的技术条件保障食品供应链关键控制点的安全透明。
	22	保障食品供应链关键控制点安全透明的投入产出比还是一个未知数。
	23	企业食品安全管理体制与机制方面的不完善、不协同阻碍了食品供应链关键控制点安全透明的保障工作。
	24	企业领导层的重视与支持程度不够影响了食品供应链关键控制点安全透明的保障工作。

研究变量	题号	题　项
透明意愿	25	保障食品供应链关键控制点的安全透明目前还不是我们企业的重要选项。
	26	保障食品供应链关键控制点的安全透明与我们企业的绩效高度相关。
自愿性	27	即便没有法律的强制规定，企业也认为保障食品供应链关键控制点的安全透明有意义。
	28	保障食品供应链关键控制点的安全透明是支撑企业战略发展的需要。
透明行为	29	目前您企业在保障食品供应链关键控制点安全透明方面处于什么状态？

4.3.1.2 样本描述性分析

本研究进行了两阶段抽样调查，第一次从 2013 年 4 月到 2014 年 1 月在全国范围内进行典型样本的问卷调查，第二次问卷调查从 2017 年 7 月至 2017 年 9 月间进行。由于研究条件的限制，本研究采用方便抽样的方式，且样本更多集中于天津、山东和河南三地。问卷调查的描述性统计结果系采用 SPSS20 分析得出（见表 4-2）。

调查共发放问卷 500 份，一家食品企业只适用一份问卷，总共回收有效问卷 369 份，回收率 73.8%。调查的目标群体是食品企业的质量安全负责人或质量安全工作人员。调查企业从事不同的食品行业，主要属于以下行业：食品加工（89.9%）、农产品种植养殖（20.1%）、食品批发（10.6%）、食品零售（10.3%）、食品物流（10.0%）。调查企业主营产品涉及乳制品（30.1%）、饮料（30.1%）、糖果点心（21.4%）、水果蔬菜（20.9%）、肉制品（20.3%）、方便面（20.1%）、冷冻食品（10.3%）和小麦粉（10.0%）。从企业性质看，以外商投资企业（24.4%）为主，其次是国有企业（17.1%）和集体企业（17.1%）。从业务类型看，调查企业以"内外销兼营"为主，占比 61.1%。从年业务收入和从业人员两变量看，年业务收入在 40000 万元及以上的占 53.7%，从业人员在 1000 人以上的占 75.6%。按照国家统计局的最新统计口径，调查企业主要属于大型企业，这与本研究聚集于食品供应链核心企业的要求是吻合的。调查企业获得食品安全管理体系认证的情况为：HACCP 认证（79.9%）、ISO9000 系列认证（60.4%）、ISO22000 认证（59.9%）、GMP 认证（40.1%）、FSSC22000 认证

（20.3%）、GAP 认证（10.0%），可见调查企业在食品透明供应链建设方面已有较好的基础和成绩。

表 4-2　调查样本描述性统计分析

研究变量	分类	样本数（个）	比率（%）
职务	质量安全负责人	207	56.1
	质量安全工作人员	27	7.3
	其他类型	135	36.6
从事行业	农产品种植养殖	74	20.1
	食品加工	332	89.9
	食品流通	37	10.0
	食品批发	39	10.6
	食品零售	38	10.3
	餐饮业	0	0
主要产品	肉制品	75	20.3
	乳制品	111	30.1
	调味料	37	10.0
	水果蔬菜	77	20.9
	糖果点心	79	21.4
	饮料	111	30.1
	方便面	74	20.1
	小麦粉	37	10.0
	冷冻食品	38	10.3
	其他	148	40.1
企业性质	国有企业	63	17.1
	集体企业	63	17.1
	港澳台商投资企业	9	2.4
	外商投资企业	90	24.4
	其他	144	39.0
业务类型	以外销为主	36	9.8
	以内销为主	108	29.3
	内外销兼营	225	61.0

研究变量	分类	样本数（个）	比率（%）
从业人员 （人）	X < 300	0	0
	300 ≤ X < 1000	90	24.4
	X ≥ 1000	279	75.6
年业务收入 （万元）	Y < 2000	54	14.6
	2000 ≤ Y < 40000	117	31.7
	Y ≥ 40000	198	53.7
体系认证	ISO9000 系列认证	223	60.4
	HACCP 认证	295	79.9
	ISO22000 认证	221	59.9
	GAP 认证	37	10.0
	FSSC22000 认证	75	20.3
	GMP 认证	148	40.1
	其他	38	10.3

4.3.2 模型适配度检验

食品透明供应链驱动力模型的实证检验基于对调查问卷中 29 道主体信息题的分析，分析工具是 AMOS17.0。以下实证分析过程主要分两个阶段。第一阶段是对路径分析模型的适配度进行评价，第二阶段是对假设进行验证。

在评价模型适配度之前，必须先检查"违犯估计"（Offending estimates）。违犯估计指模型统计所输出的估计系数超出了可接受的范围，表明模型界定或抽样设计等方面出现了大的错误。Hair 等（2010）认为，模型违犯估计主要有三种情况：一是出现负的标准误；二是标准化回归系数超过或非常接近 1（以 0.95 为最高门槛）；三是出现太大的标准误。[75] 由表 4-3 可见，模型中标准误的测量值从 0.011 到 0.131，并无负的标准误存在，也没有出现太大的标准误。由表 4-4 可见，模型中标准化回归系数的绝对值为 0.032 至 0.846，都没超过 0.95。结果表明模型未发生违犯估计现象，可以进行整体模型适配度检验。

表 4-3 自变量的方差估计

变量：（Group number 1-Default model）

	估计值	标准误	估计值 / 标准误	显著性	Label
技术可靠性	.152	.011	13.565	***	par_14
成本支出	1.275	.094	13.565	***	par_15
外部压力	.683	.050	13.565	***	par_16
e2	.867	.064	13.565	***	par_17
e5	.223	.016	13.565	***	par_18
e6	.481	.035	13.565	***	par_19
e1	.171	.013	13.565	***	par_20
e7	1.783	.131	13.565	***	par_21
e3	.193	.014	13.565	***	par_22
e4	.239	.018	13.565	***	par_23

模型适配度检验是评价假设的路径分析模型图与搜集的数据是否相互适配。Bagozzi 等（1988）认为，须同时从三个方面考察假设模型与实际的适配程度：基本适配度指标、整体模型适配度指标、模型内在结构适配度指标。[76] 基本适配度检验与上述违犯估计类似，整体模型适配度检验是模型外在质量的检验，模型内在结构适配度检验是对模型中各测量模型信度和效度的检验，是对模型内在质量的检验。

整体模型适配度检验方面，本研究采用了 RMSEA、GFI、AGFI、CFI、NFI、TLI 和 CMIN/DF 七类指标，其检验指标值如表 4-5 所示。一般而言，RMSEA（渐进残差均方和平方根）数值在 0.08 至 0.10 之间证明模型尚可，在 0.05 至 0.08 之间表示模型良好。本模型 RMSEA 检验值为 0.085，属于尚可范围。GFI 为适配度指数，用于显示观察矩阵中的方差与协方差可被复制矩阵预测得到的量。如果 GFI 值愈大，表示理论建构复制矩阵能解释样本数据的观察矩阵的变异量逾大，两者的适配度愈高。一般认为 GFI 大于 0.90 表明模型路径图与实际数据具有良好的适配度。本模型 GFI 检验值为 0.943，表明模型适配度良好。AGFI 为调整后适配度指数，一般认为 AGFI 大于 0.90 表明模型路径图与实际数据具有良好的适配度。本模型 AGFI 检验值为

0.912，表明模型适配度较好。CFI 为比较适配指数，当数据完全拟合模型时其值为 1。本模型 CFI 检验值为 0.895，非常接近 0.9，表明模型适配度可接受。NFI 为基准化适配度指数，反映了假设模型与一个假设观察变量间没有任何共变的独立模型的差异程度。NFI 值在 0 和 1 之间，值越大表明模型与数据的拟合度越好。本模型 NFI 检验值为 0.913，表明模型与数据的拟合度较好。TLI 为 Tucker–Lewis 指数，用来比较两个对立模型之间的适配程度，其值介于 0 和 1 间，数据完全拟合模型时检验值为 1。本模型 TLI 检验值为 0.982，表明模型与数据的拟合度较好。CMIN/DF 为卡方自由度比，一般认为其值在 1–3 间表明模型适配度良好。本模型 CMIN/DF 检验值为 2.984，表明模型与数据的拟合度可以接受。综上，本研究的整体模型适配度较好。

表 4–4　标准回归系数

Standardized Regression Weights：（Group number1–Default model）

因变量	自变量	估计值
限制感知	<——成本支出	.477
消费者支付意愿	<——成本支出	.118
绩效提升	<——外部压力	.816
效用感知	<——绩效提升	.681
效用感知	<——技术可靠性	−.032
效用感知	<——消费者支付意愿	.333
效用感知	<——成本支出	−.041
效用感知	<——限制感知	.107
效用感知	<——外部压力	.082
自愿性	<——外部压力	.045
透明意愿	<——效用感知	.312
透明意愿	<——限制感知	.054
透明意愿	<——自愿性	−.789
透明意愿	<——外部压力	.037
透明行为	<——透明意愿	.846

表4-5 整体模型适配度评价

适配指标	RMSEA	GFI	AGFI	CFI	NFI	TLI	CMIN/DF
参考值	< 0.08	> 0.9	> 0.9	> 0.9	> 0.9	> 0.9	1—3
检验值	0.085	0.943	0.912	0.895	0.913	0.982	2.984

模型内在结构适配度检验方面，本研究采用了CR（组合信度）和AVE（平均方差抽取量）衡量模型的内在品质。CR用来评价所有测量指标内部一致性程度，CR值愈高表明测量指标间有更高的内在关联度，一般认为CR值在0.7以上表明模型内在品质良好。AVE表示在每个测量模型中全部观察变量的变异量可以被潜变量因素解释的百分比。AVE值是0.5以上，表明观察变量可以有效地反映潜在变量，该测量模型具有良好的信度和效度。本研究模型内在结构适配度检验结果见表4-6。

由表4-6可见，研究变量中除"技术可靠性"和"限制感知"外，其他变量的测量指标CR值都在0.7以上，"技术可靠性"和"限制感知"两变量的CR值也非常接近0.7。除"技术可靠性"外，其他变量的AVE值都在0.5以上，"技术可靠性"的AVE 0.478也接近0.5。考虑到样本的有限性等因素的影响，模型的CR和AVE值都在可接受范围内，表明本模型内在结构适配度较好。

表4-6 模型内在结构适配度评价

研究变量	操作题项数	CR	AVE
外部压力	5	.701	.512
绩效提升	4	.851	.843
技术可靠性	3	.652	.478
消费者支付意愿	2	.767	.621
成本支出	3	.713	.734
效用感知	3	.715	.854
限制感知	4	.681	.632
自愿性	2	.858	.942
透明意图	2	.935	.612
透明行为	1	.818	.842

4.3.3 假设检验及讨论

4.3.3.1 假设检验

图 4-6 所示的模型标准化系数输出结果可用于前述假设的检验。根据 Cohen 和 Jacob（1988）的观点，变量间相关关系的强弱依据相关系数进行判断：> 0.35 为强相关，> 0.15 为中度相关，> 0.02 为弱相关。[77] 依此标准，"透明行为"明显受"透明意愿"的影响，两者相关系数为 0.85，属于强相关，假设 H13 得以证实。

"透明意愿"主要受"自愿性""效用感知"两个变量的影响，相关系数分别为 –0.79、0.31，假设 H12b 和 H11 检验成立。其中"自愿性"与"透明意愿"具有强的负向关系，食品企业建设食品透明供应链的自愿性水平越高（亦即强制性水平越低），企业的透明意愿水平越低。"外部压力"与"限制感知"对"透明意愿"的影响微弱，相关系数分别为 0.04、0.05，假设 H12c 和 H10 应被拒绝。

在影响效用感知的 6 个变量中，对其影响较大的有"绩效提升"和"消费者支付意愿"，相关系数分别为 0.68 和 0.33，假设 H2 和 H5 被证实。由此可见，企业对建设食品透明供应链的"效用感知"主要从企业绩效和市场销售的角度考虑，这与企业存在的经济目的一致。"外部压力"与"效用感知"弱相关，相关系数只有 0.08，假设 H1 不成立。"外部压力"是一种环境性因素，在调研中许多企业食品安全负责人也承认食品企业面临的"外部压力"在逐渐增大，但目前看来这种压力仍十分有限，还未真正构成食品企业建设食品透明供应链的有效动力。"技术可靠性"与"效用感知"具有微弱的负相关关系，相关系数为 –0.03，假设 H4 不成立。对此可能的解释是，"技术可靠性"的提高需要企业从管理、技术、人员等方面进行大量的投入，在投入产出关系不明确的条件下，这会降低企业对这种投入的"效用感知"。"成本支出"与"效用感知"只有微弱的负相关关系，相关系数为 –0.04，假设 H6 得不到支持。一些研究食品安全追溯和先进质量安全管理体系运行影响因素的成果往往突出了成本因素的影响作用，但本实证研究并未支持这一点。"限制感知"对"效用感知"的影响近乎中度相关，相关系数为 0.11，假设 H9 不能有效成立。前述假设认为两变量间负相关，这与实证结果相反。可能的解释是，企业限制感知超强，便越认为建设食品透明供应链的必要性及有效性，从而"效用感知"越强。

"外部压力"对"绩效提升"的影响强烈，相关系数为 0.82，假设 H3 证明成立。表明在外部压力不断增强的情境下，建设食品透明供应链更能凸显企业的差异化竞争优势，有利于企业规避食品安全风险，从而促进营运绩效的提升。"外部压力"与"自愿性"的相关系数是 0.05，两者弱相关，假设 H12a 不成立。"成本支出"与"消费者支付意愿"的相关系数是 0.12，近乎中度正相关，假设 H7 应拒绝。可见，企业建设食品透明供应链虽然会增加成本支出，但可为市场提供高质量安全水平的食品，在某种程度上能增强消费者的支付意愿。"成本支出"对"限制感知"有强正相关关系，相关系数是 0.48，假设 H8 证实成立，表明企业对建设食品透明供应链的限制感知中成本支出等经济因素占有重要位置。

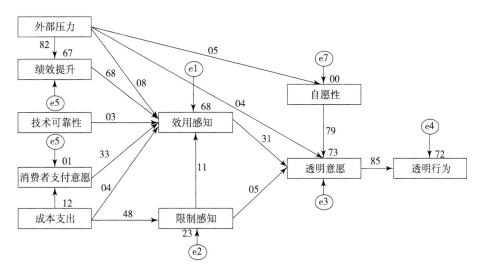

图 4-6　食品透明供应链驱动力模型标准化系数输出图

根据结构方程模型计算的输出结果，表 4-7 反映了模型中变量间的路径系数及显著性水平。可以看出，除了"效用感知 <——技术可靠性""效用感知 <——成本支出""透明意愿 <——限制感知""透明意愿 <——外部压力"外，其余组变量的显著性皆在 0.05 以下，有 7 个变量的因子载荷在

0.3 以上，说明模型具有较强的解释力。

表 4-7　变量间路径系数及显著性水平

顺序	组别			估计值	显著性水平
1	限制感知	<——	成本支出	.477	***
2	消费者支付意愿	<——	成本支出	.118	**
3	绩效提升	<——	外部压力	.816	***
4	效用感知	<——	绩效提升	.681	***
5	效用感知	<——	技术可靠性	−.032	0.282
6	效用感知	<——	消费者支付意愿	.333	***
7	效用感知	<——	成本支出	−.041	0.225
8	效用感知	<——	限制感知	.107	**
9	效用感知	<——	外部压力	.082	**
10	自愿性	<——	外部压力	.045	**
11	透明意愿	<——	效用感知	.312	***
12	透明意愿	<——	限制感知	.054	0.052
13	透明意愿	<——	自愿性	−.789	***
14	透明意愿	<——	外部压力	.037	0.293
15	透明行为	<——	透明意愿	.846	***

注：*** 表示 $p < 0.001$，** 表示 $p < 0.01$，* 表示 $p < 0.05$，都采用双尾检验。

4.3.3.2 讨论及未来研究

本章探析了食品透明供应链建设的正向和负向的影响因素及其内在作用机理，为理解食品透明供应链建设的驱动力问题，提供了一个系统化的理论框架。受样本量的限制，本研究的结论并无把握具备更广的适用性，但本研究所揭示的一些积极的驱动因素（如外部压力、绩效提升、消费者支付意愿、自愿性等）无疑应值得重视。

本研究的一些结论与学术界之前的一些类似研究的成果具有契合性。吴林海等（2012）研究了山东省潍坊市 765 位消费者对含有不同质量安全信息的可追溯猪肉的偏好，结果表明有 32.5% 的受访者受双汇"瘦肉精事件"的影响而更愿意购买可追溯猪肉，收入水平是影响消费者选择含有不同层次可追溯信息猪肉的主要因素。[78] Holleran 等（1999）认为，影响企业实施 HACCP 的内部因素主要包括提高产品质量和减少废品率，外部因素主要包括规制压力和客户压力。[79] Henson 等（1999）认为，企业实施 HACCP 体系主要基于消费者需求、法律要求和提高经营效率等因素的影响。[80]

食品企业建设食品透明供应链的效用感知主要受"绩效提升"的影响，企业建设食品透明供应链只有切实体现为流程管理优化、减少问题产品召回和差异化竞争优势培育等有利于企业绩效提升的结果，才能增强企业建设食品透明供应链的信心和决心。而"绩效提升"需要有"外部压力"的有力影响，只有政府规制严明、客户和消费者对维护食品安全有较强的市场力量、行业标杆企业的示范带动作用明显，食品透明供应链企业才能更好地区别于其他企业，其安全食品才能得到更好的价值实现。

特别应指出的是，"限制感知"对"效用感知"和"透明意愿"不但没有负向影响，相反还有弱的正向影响，这与人们一般的观点相左。在利益相关方对食品安全诉求不断增强的背景下，较强的"限制感知"会增加食品企业经营管理者的危机意识，从而增强建设食品透明供应链的"效用感知"和"透明意愿"。由此可见，食品企业经营管理者的战略规划能力、风险意识、社会责任感等素质特征会影响其对建设食品透明供应链的态度。

本章研究只是一个初步的探索，未来研究可从以下两个方面跟进：一是改进抽样方法，增强研究结论的解释力。本研究有效样本为 369 个，地域分布主要集中于天津、山东和河南，调查企业主要集中于食品加工行业，未来研究可扩大样本类型及数量并采取分层随机抽样法，从而使模型验证结果更有说服力。二是优选研究变量，完善模型结构。本章建构的模型，有些研究变量得到有效验证，有些则没有解释力。未来可根据理论与实践成果系统化地整合进一些研究变量，如企业高层管理者素质会影响企业建设食品透明供应链的态度，可研究其对"效用感知"与"透明意愿"的作用。

第五章　食品透明供应链运作模式

一系列重大食品安全事件（国内以 2008 年的"三聚氰胺事件"为代表，国外以上世纪末的疯牛病事件为代表）引致了严重的社会经济后果，食品生产经营者（特别是一些具有较大业务规模的食品企业）意识到食品安全保障对企业生存发展的极端重要性，纷纷加强食品安全风险防控，谋求整个食品供应链的安全透明。由于实践经验的缺乏及该方面理论研究的滞后，众多食品供应链核心企业在食品透明供应链运作模式[①]建构与执行上亟待指导。因此，梳理提炼食品透明供应链运作模式方面的有关成果具有较大的理论和现实意义。

5.1 相关理论基础

5.1.1 内部控制理论

内部控制思想经历了漫长的历史发展过程。1949 年，美国注册会计师协会（AICPA）所属的审计程序委员会发布报告《内部控制：系统协调的要素及其对管理部门和独立公共会计师的重要性》，首次提出内部控制的权威定义：内部控制是企业为了保证资产的安全完整，检查会计资料的准确性和可靠性，提高企业的经营效率以及促进企业贯彻既定的经营方针所涉及的总体规划及所采用的与总体规划相适应的一切方法和措施。内部控制理论经历了不同阶段的发展，主要从两个方面进行了不断地拓展与深化。一是企业内部控制要素的组成。学术界认为信息披露机制、组织结构、治理机制、高管团队特征等要素会显著影响企业内部控制的有效性。二是企业内部控制机制。2004 年，COSO 委员会提出了企业全面风险管理框架，为学术界研究内部控制框架奠定了新的基础，国内外相关文献的研究也都

---

① "运作"指运行和操作，指进行中的工作状态。"模式"指从生产经验和生活经验中经过抽象和升华提炼出来的知识体系和规律性认知。此处的"运作模式"指食品供应链核心企业运行和操作食品透明供应链过程中活动方式的规律性特点。

基于此展开。企业的风险管理框架包括四类目标和八个要素。四类目标分别是战略目标、经营目标、报告目标和合法性目标。八个要素分别是内部环境、目标制定、事项识别、风险评估、风险反应、控制活动、信息和沟通、监控。[81]

　　企业内部控制理论为研究食品透明供应链运作模式提供了有解释力的理论框架，但该理论框架过于庞杂、有待进一点精炼。虽然有研究者运用内部控制理论提出了完善食品企业内部控制的思路和对策，但相关结论缺乏实证的支撑。

5.1.2 供应链质量管理理论

　　供应链质量管理理论是在供应链管理理论与质量管理理论融合的基础上产生的，目前该方面的研究主要集中在三方面。一是供应链质量管理的定义。Robinson 和 Malhotra（2005）系统回顾了供应链管理和全面质量管理的理论沿革，在此基础上对供应链质量管理（SCQM）进行了界定：供应链质量管理是指在正式协调和整合供应渠道上所有伙伴组织的业务一体化进程中，通过衡量、分析、不断改进产品服务和流程以创造价值，实现在市场上的中间和最终客户的高满意度。[82]郁玉兵等（2014）提出，供应链质量管理是指通过供应链渠道成员之间的协调与整合，来实现顾客满意并提升供应链整体绩效，以及单一企业绩效的过程，包括供应商质量管理、企业内部质量管理，以及顾客质量管理三个层面，不仅关注过程技术与方法，而且强调渠道价值的创造（为中间及最终顾客创造价值）。[83]二是供应链质量管理的策略。具体策略包括合同管理、供应商选择、质量预测、质量管理审查、六西格玛管理等等。[84]三是供应链质量管理的绩效。包括提高组织绩效、增强组织竞争优势等。[83]

　　一些研究者运用供应链质量管理理论探讨了加强食品供应链安全治理问题。张秀萍、王秋实（2011）研究指出，针对整条供应链质量的管理是当前和未来解决我国食品安全问题的根本途径。[85]刘宗发（2011）针对长沙百事可乐公司遇到的质量问题，设计了长沙百事基于供应链质量改进的模型，并提出了长沙百事基于供应链质量管理改进的方案。[86]张文博、苏秦（2018）结合供应链质量管理和供应链可视性管理探讨食品供应链质量风险控制措施，建立了模糊环境下的供应链成本最小化、质量最大化和可视性最大化的模糊多目标规划模型。结果表明：对于不同品类的食品原料，该方法能够帮助制造商识别最稳定的合作伙伴，并能保证较高的供应链质量水平和可视性水平，从而有效地控制供应链质量风险。[87] 供应链质量管理理论为研究食品透明供应链运作模式提供了策略方法方面的借鉴，但相关策略仍需进一步系统化以形成有效和可操作的运作模式。

5.1.3 食品安全风险防控理论

该领域的研究主要集中于对食品安全风险的来源分析和防范措施选择。国内外学者从不同角度对食品安全风险的来源进行了归纳，张红霞、安玉发（2013）运用内容分析法分析了食品生产经营过程中的主要来源，并提出了企业食品安全风险防范的思路框架，包括加强原辅料供应商的管理与控制、改善生产条件与提升管理水平、加大流通环节的质量保护跟踪、加强风险信息交流等措施。[88] 该领域的研究成果有利于增强食品透明供应链运作模式设计的针对性，但仍不能有效回答食品供应链核心企业"该如何做"的问题，所提出的一些基于供应链的食品安全风险防范措施仍缺乏系统性与可操作性。

通过上述文献梳理可见，相关研究成果虽然为食品透明供应链运作模式研究提供了关于理论框架和运行策略方面的有益借鉴，但研究成果的系统精炼性及实践操作性需进一步提升，在研究方法上也需增强严谨性以增加结论的说服力。为此，本研究将以系统的案例研究法为基本研究方法，以食品透明供应链建设的行业"最佳实践者"为研究对象，提炼食品透明供应链运作模式，为相关食品企业提供理论参考与操作借鉴。

5.2 研究方法与步骤

目前鲜见关于食品透明供应链运作模式方面的直接研究成果，本研究属于探索性研究。Eisenhardt、Yin 等都指出，通过案例研究建构理论在问题

研究的早期阶段最为合适。[89-90] 为保证研究的严谨性，本研究将严格采用
Eisenhardt（1989）提出的通过案例研究建构理论的路线图（见表5–1）。

表5–1　案例研究建构理论的过程

步骤	任务	理由
开端	界定研究问题 可能提出先验性构念	使研究聚焦 为构念测量提供更好的依据
精选案例	选择特定抽样总体 理论抽样而非随机抽样	限制无关的变化、增加内部效度 使研究集中于理论上有用的案例
设计资料搜集方法和方案	多元化资料搜集方法 定性与定量资料相结合 多个调查者参与	通过证据三角检定增强理论依据 关于证据解读的协同 培育不同的视角并增强其依据
资料搜集	交叉进行资料分析与资料搜集，包括随时记录 灵活而随机的资料搜集方法	加快分析过程、发现有用的资料采集调整的方法 使调研者能利用潜在的主题和独特的案例特征
资料分析	案例内分析 运用多元技术探索跨案例模式	熟悉数据、形成初始理论 促使调研者摆脱初始印象的局限、从多种视角审视证据
建立假设	对每个构念的证据重复列表显示 案例间复现而非抽样逻辑 寻找关系背后原因的证据	明确构念的定义、效度及可衡量性 证实、发展和明确理论 增强内部效度
文献比较	和相异理论比较 和相似理论比较	增强内部效度、提升理论水平和明晰构念界定 明确普遍性，促进构念界定和提升理论水平
提出结论	尽可能达到理论饱和	当边际提升不明显时结束分析过程

资料来源：Eisenhardt K M. Building theories from case study research [J]. Academy of Management Review, 1989, 14（4）：532-550.

5.2.1　开端

本阶段的主要任务是界定研究问题，研究问题的确定有助于研究者明确调研的组织类型以及资料搜集的种类。本研究将研究问题聚焦在"食品透明供应链的运作模式"，此问题的要点有三：（1）食品透明供应链的"透

明"是一个相对概念，食品供应链企业认真遵守有关食品安全的法律法规和标准，严格实施相关质量安全管理体系，诚实披露有关食品安全信息，所生产的食品在市场上具有高水平安全形象与美誉度，则该食品供应链属于本研究的"食品透明供应链"范畴。（2）食品透明供应链的运作依靠核心企业的整合、控制与协调实现，因此本研究的调研对象应是食品透明供应链的核心企业。（3）"运作模式"是一个综合的概念，可能涉及供应链管理的文化、制度、技术、规程等多个方面，食品透明供应链的运作模式是食品供应链核心企业围绕食品安全这一核心目标进行的运行与操作实践的理论抽象。

5.2.2 精选案例

案例选择是案例研究中一项重要的工作，合理的案例选择有助于控制无关的变量影响，从而有助于界定理论产生的边界。传统的假设检验类研究依靠的是统计抽样，即研究者从总体里随机地选取样本。而案例研究中的案例选取依靠的是理论抽样，即案例选择是基于理论原因而非统计原因，理论抽样的目的是选择那些可能复现或拓展潜在理论的案例。

为保证研究结果的效度，本研究在案例选择上遵循以下标准：一是选择国内知名的大型食品供应链核心企业。二是所选取的企业应分布在不同的食品行业部门。三是所选取的企业应在学术界、新闻界及网络空间等领域有较高的"曝光率"，相关的信息资料较为丰富，有利于做案例分析。经过精心的筛选，本研究以中粮集团有限公司、双汇集团有限公司、寿光蔬菜为案例研究对象（基本情况见表5-2）。中粮集团主营粮油糖等食品，是我国食品行业的领导企业，关于该企业的研究及介绍资料非常丰富，笔者也多次在国内外食品安全峰会上聆听该企业有关负责人介绍企业的食品安全风险防控经验。双汇集团是我国最大的肉类加工企业，关于该企业的相关资料也较丰富。2011年双汇瘦肉精事件发生后，双汇集团迅速采取强力措施完善食品安全控制体系，在安全食品透明供应链建设方面成效明显。农产食品安全是我国食品透明供应链建设中的重点和薄弱环节，本研究将以蔬菜行业为切入点研究农产食品企业食品透明供应链的运作模式。

中国品牌网（http：//www.chinapp.com）评选出 2018 年中国蔬菜十大品牌排行榜，来自山东寿光市的企业占据三席，即乐义蔬菜、七彩庄园和燎原蔬菜。鉴于目前关于蔬菜生产企业食品安全管理方面的研究资料及相关报道较少，考虑三家寿光蔬菜生产企业的邻近性及代表性，本研究将以此三家企业为基础作整合研究，以寿光蔬菜为研究对象的统称。

表 5-2　样本案例的基本情况

对象名称及代码	总资产（亿元）	年营业收入（亿元）	主营行业	行业地位
中粮集团（A）	5606	4711	以粮、油、糖、棉为核心主业	中国最大的粮油食品企业，中国领先的农产品、食品领域多元化产品和服务供应商，致力于打造从田间到餐桌的全产业链粮油食品企业，建设全服务链的城市综合体。2018 年世界品牌 500 强中排名第 212
双汇集团（B）	200	1512	肉类加工	国家农业产业化重点龙头企业，世界最大的肉类加工企业，2018 年中国企业 500 强
寿光蔬菜（C）			蔬菜生产加工	2018 年中国蔬菜十大品牌排行榜中寿光市蔬菜企业占三席

注：表中数据以企业官网 2019 年公布数据为准。

5.2.3 设计资料搜集方法和方案

从事理论构建的研究者通常采用多种资料收集的方法，Yin（1994）认为，案例研究采用的数据通常有六种来源：文件、档案记录、访谈、直接观察、参与性观察和实物证据。不同资料收集方法形成的三角检定（triangulation）可为构念和假设提供更强的证明。

根据研究条件，本研究主要通过中外文学术数据库、企业官网、网络报道、深度访谈、文件研究和直接观察的方法搜集有关资料。中外文学术数据库（中国知网、维普期刊全文库、Elsevier 数据库、EBSCO 电子期刊等）中存在大量有关中粮集团、双汇集团和寿光蔬菜的研究和报道资料，目标企业官网上对企业的介绍资料十分丰富，网络上也有众多关于目标企业在食品安全管控方面的新闻报道。通过积极参加有关的学术和行业会议，研究者将搜集目标企业的会议资料，与目标企业负责质量安全的管理者进行面对面访谈，通过后续的电话及邮件联系，收集到更多目标企业的有关管理文件。此外，研究者将实地走访目标企业的生产经营现场，与相关负责人进行深度会谈。

5.2.4 资料搜集

此过程是一个资料搜集与资料分析不断重复（overlap）的过程，随时记录（field notes）是完成这种重复的有力方式，研究者不断记录研究过程中看起来重要的东西，在记录中不断思考回答"我知晓了什么？""这个案例与上一案例的区别在哪里？"等等。根据资料搜集与思考的结果，资料搜集可灵活调整搜集的方法、来源、方向与数量。

研究者首先以中粮集团作为资料搜集对象。通过各种途径，研究者收集到大量目标企业有关食品安全管控方面的资料。笔者通过参加 2018 年中国北京国际食品安全高峰论坛结识了中粮集团质量与安全部负责人，会议期间就该企业在食品透明供应链运作模式建设方面的问题进行了沟通，会后笔者通过电话和邮件与该负责人进行了更具针对性的交流。后又与中粮北海粮油工业有限公司（该企业是中粮集团在中国北方最大的油脂生产、加工基地，"福临门"及"四海"系列食用油的生产、灌装基地）取得联系，通过现场观察、深度会谈和文件查阅方式获得了丰富的第一手资料。本研究将每篇科研论文、每处报道文章、每份管理文件、每次现场观察记录和访谈等都作为一个资料单元，根据事先确定的研究问题整理成一份份文字稿。每份文字稿上方注明题目、作者、出处或访谈对象、访谈时间、访谈地点，对所有文字稿都按企业代号—资料编号—标签编号的格式进行编号，中粮集团企业代号为 A，双汇集团为 B，寿光蔬菜为 C，如"A–01–01"表示"中粮集团—第一份资料单元—第一个信息标签"。文字稿右边都留出 1/3 空间作为批注栏，文字稿中通过更改字符底纹、字符边框、加粗等方式进行重要内容编辑，通过随时记录不断提炼目标企业食品透明供应链运作模式的有关要点。最后，本研究将所有文字稿进行整理，共得到 13 份有关文稿。

研究者将对中粮集团资料搜集的经验运用到对双汇集团和寿光蔬菜的资料搜集上，整理得到双汇集团文稿 10 份、寿光蔬菜文稿 8 份。

5.2.5 资料分析

资料分析应经过案例内资料分析（analyzing with-case data）与跨案例模式寻找（searching for cross-case patterns）两个阶段。Yin（1994）认为，如果在多重案例中得到完全相同的结果，就实现了单一案例的原样复现（replication），从而可以有把握地提出跨案例的结论。本研究在对中粮集团、双汇集团、寿光蔬菜进行单案例分析的基础上，运用内容分析法[91]进行跨案例比较，寻找食品透明供应链运作的共性模式。

（1）选择分析单元。每份资料就是一个分析单元。

（2）建立分析类目。分析类目的抽取来源于研究问题本身，或现有的文献，或研究者的选择。本研究结合已有文献表述与目标企业实践经验，选取若干分析类目并对其进行初步定义，如表 5-3 所示。

表5-3 食品透明供应链运作模式分析类目表

类目	内涵	具体表现
1.食品安全内控环境	影响食品企业食品安全内部控制效果及内部控制目标实现的各种因素的综合体	
（1）食品安全文化	食品企业为保障食品安全而具有的价值观、经营理念及行为规范的总和	在企业经营目标、价值观体系、行为方式中体现对食品品质、道德诚信、生命健康等的推崇与尊重
（2）组织结构	为保障食品安全，组织各部分在管理工作中进行分工协作，在职务范围、责任、权利方面所形成的结构体系	企业通过设立首席质量官、内审部门、质检部门等对生产经营全过程的食品安全状况进行有效评估与控制
（3）供应链治理模式	在食品供应链核心企业主导供应链上下游企业分工协作的机制特征	紧密型供应链治理结构
（4）权责配置	食品企业为保障食品安全而进行的权力与责任的划分与权责的匹配	为保障食品安全进行的岗位设置、人岗匹配、岗位调整、权利监督
（5）员工培养	为提升员工食品安全意识与能力而进行的教育培训活动	对员工进行有关食品安全方面的知识技能、诚信道德、企业文化、风险意识等方面的培训教育活动
2.食品安全战略规划	为加强食品安全管理而制定的长期战略目标及其实施方案	
（1）食品安全战略	关于企业食品安全的价值观、愿景及战略目标	全产业链发展战略、保障食品安全的战略目标及相关的宗旨和原则
（2）食品安全规划	为实现食品安全战略而制定的执行性制度及规范	制定产业链风险防控制度

类目	内涵	具体表现
3. 食品安全风险防控	执行有关食品安全保障的制度、流程、规范、责任目标及考核评价等活动	
（1）源头控制	对来自产业上游的原辅料的生产供应及生产经营前置环节进行的控制活动	种养殖环节管理、供应商管理、新改扩项目管理、新品研发管理
（2）生产经营过程控制	对生产经营过程进行的食品安全控制活动	推行 HACCP 技术，加强产品抽检
（3）物流运输控制	对物流运输过程进行的食品安全控制活动	采用先进物流技术、加强物流管理、对物流分销商的管理
（4）检验检测	对食品安全指标进行检验检测以证明食品安全性	通过设备、设施、人员增强检验检测能力，增加抽检力度，完善检验检测制度，自检与检测结合
（5）可追溯体系	食品供应体系中关食品来源与流向的信息与文件记录系统	建立原辅料采购索证索票、进货台账、使用档案和生产记录等制度
（6）绩效评估	通过明确考核指标体系、实施科学的绩效考核流程，对目标企业的食品安全绩效进行评估	制定安全目标责任书，明确食品安全管理考核过程和结构指标，考核企业食品安全水平
4. 食品安全信息科技	为保障食品安全使用的科技手段和信息管理方式	
（1）客户服务体系	由先进的客户服务理念、相对固定的客户服务人员、规范的客户服务内容和流程、明确的服务品质标准要求所构成的系统	及时、准确处理来自客户及消费者的意见、建议、投诉和咨询
（2）食品安全信息管理	对食品安全信息资源进行有效收集、传输、分析、加工、储存和交流的过程	食品安全信息收集、共享、运用等过程以及食品安全风险交流
（3）信息科技基础	食品生产经营的全过程所采用的信息技术与手段	计算机管理和自动化控制，生产过程信息化，专门的软件系统，信息资料整合及智能化处理等
（4）食品安全技术创新	为保障食品安全而改进现有或创造新的产品、生产过程或服务方式的技术活动	采取开放式创新模式，加强食品安全技术研究与开发
（5）食品安全标准认证	通过推出或采用先进的食品安全标准，规范食品生产经营过程，传达食品安全信息	无公害、绿色或有机产品认证，GAP 认证、HACCP 认证、ISO22000 认证、ISO9000 系列认证等

（3）内容编码。编码将分析单元置于相应的分析类目下，为简化编码工作，本研究设计了编码表（见表 5-4 所示）。为提高内容编码的信度和

效度，研究者利用所在研究小组召开学术研讨会的机会，详细向有关成员（包括一名教授、三名副教授、两名博士和四名硕士）介绍本部分的类目设置、资源来源和初步编码结果，研究成员以编码员的身份对整个编码过程进行了重新的审视，提出了许多不同的意见。在研究成员充分沟通的基础上，小组力求最后对特定信息标签的归属达成共识，从而保证编码结果具有较高的信度、表面效度和内容效度。根据内容分析的结果，本研究共整理出 169 条信息标签，其中中粮集团 63 条，双汇集团 56 条，寿光蔬菜 50 条，并将各标签配置到适宜的类目下（结果如表 5-4 所示）。

表 5-4　案例分析编码表

类目	资料来源	总频次占比（%）	案例内频次占比
1. 食品安全内控环境		35.5	占 A31.74% 占 B44.64 % 占 C 30%
（1）食品安全文化	A-07-14，A-10-31，A-10-32，B-01-05，B-01-07，B-01-13，B-02-26，B-03-31，B-06-34，B-09-46，B-10-50，C-01-08，C-02-10，	7.69	占 A4.76% 占 B14.29% 占 C4%
（2）组织结构	A-06-11，B-01-14，B-01-16，B-01-20，B-01-22，B-06-35，B-10-48，	4.14	占 A1.59% 占 B10.71% 占 C0%
（3）供应链治理模式	A-01-01，A-02-02，A-03-03，A-03-05，A-04-06，A-05-08，A-05-09，A-06-10，A-07-13，A-08-27，A-12-39，A-12-53，B-01-01，B-01-03，B-01-24，B-06-38，C-01-01，C-01-06，C-02-09，C-03-17，C-03-21，C-03-23，C-04-30，C-05-34，C-06-39，C-06-43，C-06-46	15.98	占 A19.05% 占 B7.14% 占 C22%
（4）权责配置	A-11-33，A-12-40，B-04-32，B-09-44，B-10-49，B-10-52，	3.55	占 A 3.17% 占 B 7.14% 占 C 0%
（5）员工培养	A-07-17，A-12-42，B-02-27，B-08-43，B-09-47，C-03-22，C-08-47，	4.14	占 A 3.17% 占 B5.36% 占 C4%
2. 食品安全战略规划		5.92	占 A 12.69% 占 B 1.79% 占 C 2%

类目	资料来源	总频次占比（%）	案例内频次占比
（1）食品安全战略	A–06–12，A–07–16，C–02–14，	1.78	占 A3.17% 占 B0% 占 C2%
（2）食品安全规划	A–07–18，A–10–29，A–11–35，A–12–41，A–12–45，A–13–58，B–01–54	4.14	占 A9.52% 占 B1.79% 占 C0%
3. 食品安全风险防控		36.68	占 A39.68% 占 B 30.37% 占 C 40%
（1）源头控制	A–03–04，A–07–15，A–07–19，A–07–22，A–11–34，A–12–46，A–12–52，A–13–55，B–01–12，B–01–17，B–03–30，B–08–40，B–10–51，C–03–19，C–03–24，C–05–36，C–06–40，	10.06	占 A12.70% 占 B8.93% 占 C8%
（2）生产经营过程控制	A–07–21，A–08–25，A–12–47，A–13–59，B–01–15，C–03–25，C–03–28，C–04–32，	4.73	占 A6.35% 占 B1.79% 占 C6%
（3）物流运输控制	A–11–37，A–12–50，B–01–23，C–03–29，	2.37	占 A3.17% 占 B1.79% 占 C2%
（4）检验检测	A–11–36，A–12–43，A–12–49，A–13–57，A–13–60，B–01–02，B–01–08，B–01–09，B–01–11，B–03–28，B–05–33，B–06–37，B–08–41，C–01–03，C–02–15，C–03–20，C–05–38，C–06–42，C–08–48，	11.24	占 A7.94% 占 B14.29% 占 C12%
（5）可追溯体系	A–11–38，A–12–44，A–12–51，A–13–56，B–01–18，B–06–36，C–01–04，C–02–12，C–05–35，C–06–41，C–06–44，C–08–49，	7.10	占 A6.35% 占 B3.57% 占 C12%
（6）绩效评估	A–07–62，A–12–63	1.18	占 A3.17% 占 B0% 占 C0%
4. 食品安全信息科技		21.88	占 A15.88% 占 B 25% 占 C26 %
（1）客户服务体系	A–04–07，A–07–20	1.18	占 A3.17% 占 B0% 占 C0%

续表

类目	资料来源	总频次占比（%）	案例内频次占比
（2）食品安全信息管理	A-07-24，B-01-10，B-03-29，B-08-42，B-09-45，B-10-53，C-08-50	4.14	占A1.59% 占B8.93% 占C2.937%
（3）信息科技基础	A-14-61，B-01-19，B-01-21，B-01-25，B-07-39，C-03-26，	3.55	占A1.59% 占B7.14% 占C2%
（4）食品安全技术创新	A-09-27，B-01-54，B-01-55，B-01-56，C-01-07，C-02-13，C-03-18，C-04-31，	4.73	占A1.59% 占B5.36% 占C8%
（5）食品安全标准认证	A-07-23，A-10-28，A-10-30，A-12-48，A-12-54，B-01-04，B-01-06，C-01-02，C-01-05，C-02-11，C-03-16，C-05-33，C-05-37，C-06-45，	8.28	占A7.94% 占B3.57% 占C14%

（4）定量处理与计算。通过为明确各分析类目在信息标签总体中的分布特征，本研究从"总频次占比"和"案例内频次占比"两个维度予以归纳，其中：总频次占比＝该类目下信息标签数÷169，案例内频次占比＝该类目下目标企业的信息标签数÷目标企业的信息标签总数。总频次占比结构有助于了解目前食品透明供应链运作模式的重点环节和内容，案例内频次占比分析有助于了解不同类型食品透明供应链运作模式的差异性，计算结果如表5-4所示。

（5）结果分析与解释。从总频次占比结构图（见图5-1）可见，三目标企业在食品透明供应链运作上注重食品安全内控环境建设和加强食品安全风险防控两个方面，对食品安全信息科技工作也都比较重视，但在食品安全战略规划上还比较薄弱，反映了食品安全战略规划在企业战略规划体系中仍居于较次要的地位，企业战略目标仍主要集中于规模、产量、销售收入等方面。具体来看，食品安全内控环境建设方面主要体现在供应链治理模式的优化与食品安全文化的营造两个方面，食品安全风险防控主要集中在源头治理和检验检测两个方面，食品安全信息科技方面则主要集中在加强食品安全标准认证及管理上。以上特征与我国当前食品产业发展存在的规模化、标准化、集聚化不够是关联的，凸显了食品透明供应链运作模式的阶段性和发展性特点。分析案例内频次占比结构（见图5-2）可见，三个案例对象在某些类目上的占比差异明显：在"组织结构""权责配置""食品安全战略""食品安全规划""绩效评价"和"客户服务体系"六个类目上，C在五个类目上案例内频次占比都是0%，B在"食品安全战略""绩效评价"和"客户服务体系"三个类目上的案例内频次占比也是0%。这种差异表明我国蔬菜类企业在以上五个方面的食品安全工作存在缺失，双汇集团作为国内著名的肉制品企业还没有建立明确的食品安全战略，也没有建立覆盖集团的食品安全绩效评估体系，在客户服务体系建设方面也存在缺陷。案例内频次占比的差异从一个侧面反映了食品透明供应链运作模式的行业差异性特点。

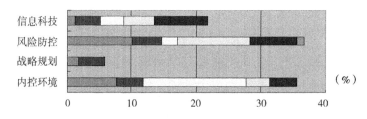

图 5-1　总频次占比结构图

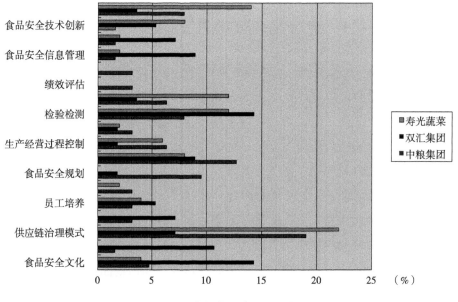

图 5-2　案例内频次占比结构图

5.2.6 建立假设

中粮集团作为我国食品行业的领导企业，在以上 18 个研究类目上都有卓越的表现。由于食品透明供应链运作模式的阶段性及差异性特点，双汇集团和寿光蔬菜在少数类目上存在缺失，但这并不妨碍这些类目应成为理想的食品透明供应链运作模式的重要部分。双汇集团和寿光蔬菜在大部分类目上与中粮集团有类似的表现，表明此案例研究出现了"原样复现"，从而为食品透明供应链运作模式的提出提供了有力支撑。

5.3 食品透明供应链运作模式建构

5.3.1 食品透明供应链运作模式的提出

综合三个目标企业在各分析类目上的具体实践，本文进一步提炼三个目标企业食品透明供应链运作的共性模式（见表 5-5）。由此，本文此外初步建构食品透明供应链运作模式图（见图 5-3）。由图可见，食品透明供应链运作模式是以食品安全战略规划为指导，以食品安全内控环境为基础，以食品安全信息科技为支撑，以食品安全风险防控为主体的四因素耦合作用形成的运行形态。

表 5-5 案例企业透明化运作模式

	中粮集团	双汇集团	寿光蔬菜	共性模式
食品安全文化	●1个原则：敬畏客户，生命和大自然，质量安全是各级管理者的直接责任；用专业的人做专业的事，全员参与●1个态度：实事求是，科学决策●5种放过，四不借口，一切程序必须得到遵守（P）；一切程序必须得到遵守（D）；与相关方互利共赢（D）；监督、评估与反思常态化（A）	●"诚信立企，德行天下"的诚信文化●"消费者的安全与健康高于一切，双汇品牌形象和信誉高于一切"的质量方针●每年3月15日为双汇"食品安全警示教育日"	●诚信、健康、奉献、合作●关注绿色、关爱健康	●讲究诚信，关爱健康●全员参与，严格管理，管理者负责●循序渐进
组织结构	●以集团总裁为组长的食品安全领导小组●集团设立质量与安全管理部和审计监察负责食品安全健康●中粮科学研究院提供技术支撑	●产品质量及安全管控由集团垂直管理的品管部负责●成立"双汇集团食品安全监督委员会"，邀请外部专家监督		●成立专门的食品安全管理部门●企业高层领导牵头的食品安全领导小组
供应链治理模式	●全产业链：以消费者需求为导向，控制从田间到餐桌的各环节，确保产品质量的全程可追溯，上下游整合，联股、控股，合作诸多方式，实现链条的整体可控	●全产业链：形成以屠宰和肉制品加工为主，饲料、养殖、化工包装、物流配送、商业外贸等为配套的产业集群●冷鲜肉"冷链生产、冷链配送、连锁经营"	●集育苗种植、采摘加工、物流配送、市场销售一体化公司＋基地＋农户的产业一体化生产模式	●全产业链模式
权责配置	●各单位一把手为食品安全第一负责人●配备专职食品安全工作	●专门设立主管食品安全的副总经理一职●增设一名公共关系副总		●主管食品安全的高管●企业负责人为食品安全第一负责人
员工培养	●集团各级安全管理机构按标准要求设立专业化管理团队，不断提高专职人员数量及专业化程度●采取多种形式开展质量安全教育	●骨干人员进行《食品安全管理体系应用与实施》系统培训●设立"食品安全警示教育日"	●提高农业技术人员队伍专业化水平	●开展食品教育培训●提高专职人员专业化水平

续表

	中粮集团	双汇集团	寿光蔬菜	共性模式
食品安全战略	●2011制定《中粮集团全产业链质量安全风险控制体系建设规划方案（2011-2015年）》，明确提出质量安全管理战略与规划目标	"消费者的安全与健康高于一切，双汇品牌形象和信誉高于一切"的质量方针	●让消费者享受到真正的绿色食品，真正为消费者的健康负责●承载民生重责，引领绿色生活	●制定企业食品安全管理战略
食品安全规划	●完善内控体系，使各项管理相互联动保障食品安全	●完善内控体系，抓好"十大管理"，使各项管理相互联动保障食品安全		●制定完善能覆盖全产业链食品安全管理的制度、流程和规范
源头控制	●种养殖基地管理、供应商管理、研发过程管理、OEM生产管理、新改扩建项目的管控●加强人员添加剂检验、验证工作，对每批添加剂实施备案管理	●加快发展养殖业●配套建设饲料加工厂●采用良好药品供应管理规范（GSP）●生猪采购集中于规模化养殖场，签有长期合作协议和生猪定点屠宰●原料物资采购与大企业进行战略合作	●严格按照国家绿色食品基地建设要求选址，定期对产地环境质量进行检测●严格对产地环境、农药的使用管控●配制和使用的管理制度●"六统一"（统一供应种植计划、统一供应种苗、统一供应药肥、统一病虫害防治、统一检测监控、统一收购加工）的全封闭式管理模式	●种养殖基地管理、供应商管理、新品研发管理●原辅料的规范化管理●对农药、化肥等的统一严格管理
生产经营过程控制	●硬件方面，集团大力引进现代化的粮油食品生产线●软件方面，引导基层企业积极推进GAP、GPP、GHP、SSOP等标准操作程序和规范，实施HACCP、ISO9001体系等先进质量安全管理体系技术	●引进先进生产线，用工业化理念改造生产经营过程●冷鲜肉的全程冷链生产经营●用信息技术改造传统肉类工业，用信息化带动肉类工业化	●依据国家和行业相关标准、准则和规范，结合具体自然、生产条件制定生产操作规范，实现标准化、规范化生产	●生产经营过程的标准化、工业化和信息化
物流运输控制	●与分销商签订合同条款，保证产品流通中的食品安全	●凭借现代物流信息技术平台，建立了完善的食品物流全产业链	●采用各种措施保鲜，针对蔬菜采购特点，运输距离及季节等采用不同的运输方式，注重装运过程管理	●采用先进物流技术●完善物流过程管理●严格物流分销商管理

续表

	中粮集团	双汇集团	寿光蔬菜	共性模式
检验检测体系	●逐步形成以集团、区域、基层实验室为基础的三级检验检测网络 ●主动将产品送交国家、省、市质量监督部门	●生猪在线头头检验，原辅材料进厂、产品出厂批批检查 ●与中检集团战略合作，坚持第三方监督监测 ●加大检验检测设备投入，扩大检测队伍	●建立蔬菜质量检测中心，配备专用先进检测仪器设备，配备专职检测人员	●完善检验检测体系 ●加大检测力度 ●重视第三方监督监测
可追溯体系	●通过票据、电子监管码、购销台账等外部载体，添加剂等生产原料成分支持体系等内部载体，实现原料端、生产端、运输端、流动端、监管端等环节无缝对接，不断完善食品产业链全程可追溯体系	●信息化保障食品可追溯 ●进行严格的批次管理，确保产品可追溯 ●供应商采购执行索证制度	●乐义蔬菜与中国移动合作，建立手机二维码质量安全追溯体系，实现蔬菜生产从田间到餐桌的全程监控 ●燎原蔬菜采用 EAN·UCC 国际通用规范实施蔬菜安全追溯系统	●采用先进信息技术，落实生产档案、包装标识、索证索票，购销合账，信息传送与查询制度，促进生产、加工、流通等环节有效衔接，实现全程可追溯
绩效评估	●参考国际风险损失协会的 ISRS 国际安全评价体系，开发出《中粮集团质量安全绩效评估标准》，从 15 个维度对各级企业的质量安全进行考核			●采用先进的绩效评价体系进行食品安全绩效评估
客户服务体系	●践行"良好的客服理念"，良好的客户关系，良好的品牌形象，以最专业的人员，及时准确地处理客户及消费者的意见、建议，投诉率追求行业最高标准；蒙牛我买网客服中心：接听率追求行业最高标准；中国食品客服中心：第一时间与消费者沟通；乳业客服中心：严格制度，迅速反馈			●构建完善的客户服务体系，及时准确地处理来自客户及消费者的意见、建议、投诉和咨询

续表

	中粮集团	双汇集团	寿光蔬菜	共性模式
食品安全信息管理	●举办"全国食品安全科普知识竞赛"，向消费者传递科学的食品安全知识，引导消费者理性对待食品安全事件●举办中粮集团食品道德社会承诺现场观摩会	●"开放式办厂，透明化办公"，认真接受各级政府、消费者和媒体的监督，每年邀请消费者和媒体到各个加工基地参观考察。●收集、处理、传递食品安全相关信息，加强食品安全风险预警	●建立蔬菜质量安全监测预警信息平台，实现监测数据的及时采集，实现监测数据的及时采集、处理和共享	●收集、处理、传递食品安全相关信息，加强食品安全风险预警●密切与利益相关方的信息沟通交流
信息科技基础	●建立信息中央控制系统，应用数据化生产系统和智能装备对生产过程实施全程管理●运用电商平台，直接面对客户和消费者	●厂房布局，工艺设计，设备选型采用国际先进标准●用"一机房、一套服务器、一个数据库、一套应用软件、一个IT小组"的"五个一工程"支撑整个集团信息运作●开发和实施"双汇集团供应链一体化管理及食品安全控制信息系统"，寻求工业化、信息化和自动化的融合●关键质量控制点采用微计算机控制、"生猪屠宰加工和连锁经营信息管理系统"实现全程监控	●建立手机二维码质量安全追溯体系，实现蔬菜生产从田间到餐桌的全流程●采用先进生产技术体系，如复合种植、农业立体种植及合理轮作技术，生物环境调控技术，无公害蔬菜生产施肥技术，病虫草害防治技术	●工业化、信息化和自动化技术的有机融合，对生产经营过程实施全程管理●采用先进生产技术
食品安全技术创新	●2012年与中国农业科学院签署科技战略合作框架协议，为食品安全提供技术支撑	●从发达国家引进先进的技术设备4000多台套●化工包装部从事专业包装材料的设计、研发和生产	●以国内各大知名农业科研机构为依托，注重对先进农业技术的开发与推广●加强与国际先进农业科技的交流与合作●积极承担国家级和省级科研开发项目	●开放式食品安全技术创新模式
食品安全标准认证	●积极推进GFSI认可的管理体系●与AssureQuality公司，普华永道会计师事务所合作探索成立食品质量安全第三方独立认证机构。●国内第一家推出葡萄酒专业质量体系标准	●通过ISO9000、ISO14001、ISO22000和HACCP认证，先后通过对日本、新加坡等国的出口认证	●获ISO9000系列、ISO14000、HACCP、GAP等认证●获绿色食品、有机食品认证、无公害产地认证，有机产地认证	●采用先进管理体系认证、产品认证、产地认证、推行第三方认证

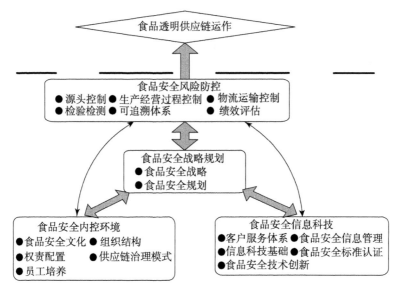

图 5-3　食品透明供应链运作模式图

5.3.2. 与相关研究文献的比较

理论建构一个基本的特征是将所提出的概念、理论或假设与已有的文献进行比较，这包括询问它们之间的相同与相异之处及其原因。将所提出的理论与已有文献联系比较，有利于提高案例研究建构理论的内部效度、普适性和理论层次。目前关于食品透明供应链运作模式研究的直接成果极少，本研究着重与以下两篇相关的研究论文进行了比较分析。

COSO 提出的《企业风险管理整体框架》为食品透明供应链运作模式的研究提供了理论参考。COSO 认为，企业风险管理是企业的董事会、管理层和其他员工共同参与的一个过程，应用于企业的战略制定和企业的各个部门和各项经营活动，用于确认可能影响企业的潜在事项并在其风险偏好范围内管理风险，对企业目标的实现提供合理的保证。企业的风险管理框架包括四类目标和八个要素，四类目标分别是战略目标、经营目标、报告目标和合法性目标；八个要素分别是内部环境、目标制定、事项识别、风险评估、风险反应、控制活动、信息和沟通、监控，是企业目标实现的保证。食品透明供应链的运作是食品企业进行食品安全风险管理的具体行为，本研究提出的运作模式与COSO提出的内部环境建设、企业战略制定、风险管控、信息沟通等内容是契合的。COSO提出的企业风险管理框架八个要素突出了"风险识别—风险评估—风险管理—风险控制"这一流程，本研究提出的食品透明供应链运作模式虽未直接体现这一内容，但在"食品安全规划"和"食品安全风险防控"两部分提出建立并执行食品安全风险管控的制度、流程、规范、责任目标与考核评价，实质上两者仍属契合。本研究提出的食品透明供应链运作模式从食品企业的角度验证了企业风险管理框架的有效性和普适性，而且联系食品生产经营的特点提出了强化食品安全信息科技支撑等内容。

张红霞、安玉发（2013）提出了一个食品生产企业食品安全风险防范思路框架（如图5-4所示），提出加强原辅料供应商的管理与控制，防止上游风险传递；改善生产条件，提升管理水平，防控企业内部风险；加大流通环节的质量保护跟踪，防止下游风险反向传导；加强风险信息交流，弱化外部环境风险。以上内容与本研究提出的食品透明供应链运作模式中所提出的"食品安全风险防控"与"食品安全信息科技"中相关内容是契合的，但本研究还涵盖了战略规划、内控环境等方面内容，因而系统性与可操作性更强。

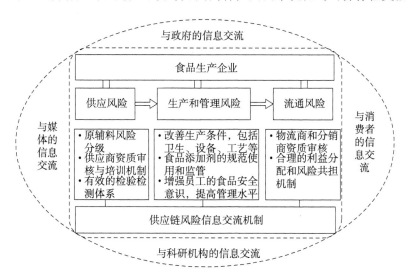

图5-4　食品生产企业食品安全风险防范思路框架

资料来源：张红霞，安玉发.食品生产企业食品安全风险来源及防范策略——基于食品安全事件的内容分析［J］.经济问题，2013（5）：74.

5.3.3 食品透明供应链运作模式的阐释

提出最终研究结论前要回答好两个问题：什么时候停止增加案例？什么时候停止理论和数据间的迭代（iterating）？这两个问题的答案都是：达到理论饱和（theoretical saturation）。理论饱和是指这样一个点，在这个点上再增加的知识微不足道，因为研究者看到的是他以前看到过的现象。研究者尝试收集分析三个目标对象的其他资料，也尝试收集分析其他企业以及其他行业食品透明供应链的运行模式，但理论的增加微乎其微，由此研究者认为本研究已基本达到理论饱和。

基于前面的案例分析，本研究提出以下结论：

1. 食品透明供应链运作模式是食品安全战略规划、食品安全内控环境、食品安全信息科技、食品安全风险防控四方面行为耦合作用的运行状态。

2. 建立、执行食品安全战略规划是食品透明供应链运作模式的核心。食品供应链核心企业建立能覆盖全产业链的食品安全战略目标、管理制度、工作流程和操作规范，为食品供应链的安全透明运作提供目标和指针。

3. 完善、夯实食品安全内控环境是食品透明供应链运作模式的基础。这个基础是一个循序渐进、不断改进的过程，包括营造崇尚安全、关爱健康、讲究诚信、全员参与、管理者负责的食品安全文化；成立专门的食品安全管理部门，企业高层领导牵头食品安全领导小组负责食品安全的管理及协调工作；打造全产链经营模式；建立自上而下、从企业负责人到一般员工的食品安全权责匹配体系；开展食品安全教育培训，提高专职人员专业化水平。

4. 加强、发挥食品安全信息科技作用是食品透明供应链运作模式的支撑。食品供应链核心企业采取各种技术手段和措施密切与利益相关方的信息沟通交流；明确制度、流程与标准，及时有效收集、处理、传递食品安全相关信息，加强食品安全风险预警机制建设；采用先进生产技术，推动工业化、信息化和自动化技术的有机融合，对生产经营过程实施全程监管；采取开放式食品安全技术创新模式；采用先进食品安全标准，推行第三方认证。

5.严格食品安全风险防控是食品透明供应链运作模式的主体工作。食品供应链安全透明运行需要持之以恒、严肃认真的食品安全风险防控工作，通过严格执行有关制度、流程、规范，进行食品安全的源头控制、生产经营过程控制、物流运输控制、检验检测和可追溯体系建设，采用先进的绩效评价体系进行食品安全绩效评估，不断促进食品安全绩效水平提升。

5.4 关于本章研究的反思

本章以严谨的案例分析法探索食品透明供应链运作模式，通过理论抽样选取中粮集团、双汇集团和寿光蔬菜三个相关行业标杆企业（群体）作为研究对象，通过资料收集与分析提出食品透明供应链运作模式，并对食品透明供应链运作的具体环节内容进行了提炼总结。本研究认为，食品透明供应链运作模式是由食品安全战略规划、食品安全内控环境、食品安全信息科技、食品安全风险防控四方面行为耦合的一种运行状态。

本研究虽按照 Eisenhardt（1989）提出的案例研究步骤进行研究，但由于各种条件的限制，一些环节研究的严谨性仍需提高，如资料收集与分析环节存在资料数量、类型偏少、资料质量尚不够准确与深入等问题。

本研究系基于我国目前的管理情境所做的一种探索性的理论建构，由于食品透明供应链运作模式存在实践发展性和行业差异性特征，其具体内容将不断演进变迁，因而需要不断跟进研究。未来研究也需进一步探讨国外食品透明供应链运作模式的特点，提出更有普适性的运作模式，从而更好地指导我国食品透明供应链的运作实践。

第六章　食品供应链透明度评价体系

从理论上讲，建设食品透明供应链是保障食品安全的根本途径。从实践上考察，食品透明供应链核心企业基于企业可持续发展及履行社会责任的需要，纷纷从供应链（网）角度进行组织和管理变革以提升食品安全保障水平，这与本研究倡议的建设食品透明供应链理念具有内在一致性。为有效识别和解决食品透明供应链建设过程存在的问题，必须首先解决食品透明供应链建设的水平或绩效衡量问题，食品供应链透明度评价具有实践上的重要性及理论上的创新性。本章所提的"食品供应链透明度"内涵作如下界定：食品供应链的所有利益相关者在没有信息丢失、噪音、延迟和扭曲的情境下，对他们需求的食品安全信息获得和共享的程度。

6.1 食品供应链透明度评价方法论基础

随着科学技术的快速发展，人类活动的规模、范围、深度在不断拓展，由此人类往往需要从系统的角度和方法去理解客观对象。一般认为，系统是由一些相互联系、相互制约的若干组成部分结合而成的、具有特定功能的一个有机整体（集合）。系统方法是一种有机结合了分析与综合的思想方法，为人类全面了解和深入理解客观对象提供了方法论基础。

为使对象系统的运动变化符合人类的目的要求，人类首先需要对对象系统的运动特征进行有效的评价。评价是根据确定的目的测量对象系统的属性，并将这种属性测量转变为客观的量值或者主观判断的行为。对象的系统性决定了评价的系统性，由此综合评价（Comprehensive evaluation）得以产生。综合评价指对以多属性体系结构描述的对象系统做出全局性、整体性的评价，即对评价对象全体，根据所给的条件，采用一定的方法给每个评价对象赋予一个评价值（又称评价指数），再据此择优或排序。[92] 综合评价法常用于对复杂的经济、社会、管理、文化、科技等系统的评价。

食品供应链透明度评价涉及食品供应链不同主体、不同环节、不同侧面的评价，评价对象具有明显的系统性特点，应采用综合评价法进行科学评价。

综合评价一般采取如下的基本流程（见图6-1）：

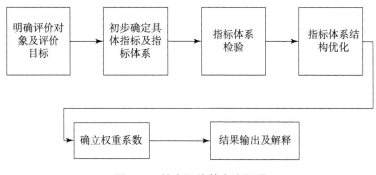

图6-1　综合评价基本流程图

6.1.1 明确评价对象及评价目标

评价对象有各种不同的类型，如自然系统、技术系统、人和社会系统等，评价对象的特点决定了评价的内容、方式及方法。明确评价对象的关键是建立一个能描述评价对象所关注特征的系统模型（概念模型）。明确评价目标就是要确定评价活动所要了解的对象系统的属性特征。

6.1.2 初步确立评价指标及指标体系

选取评价指标的过程中，需要明确指标测量的目的并给出理论定义、选择待构指标的标志并给出操作性定义、设计指标计算内容和计算方法，以及实施指标测验等基本步骤。[93] 由于对象系统往往具有规模大、系统要素多、系统内部关系复杂等特点，评价指标体系便具有多维度、多层次等特征。根据人的思维习惯和分析过程特点，指标体系在设计上往往采用递阶结构（Hierarchical structure），形成指标间明确的隶属关系及层次结构。

6.1.3 指标体系检验

选定参与综合评价的专家人员，对初步确立的指标体系进行检验。

指标体系检验包括两个层面，即对单个指标的检验和对整个指标体系的检验，以保证单个指标的科学性和指标体系整体的科学性。[94]可从必要性、可行性和真实性三个方面检验单个指标的科学性，即要从理论建构上检验指标设置的逻辑性与正确性，检验指标在计算方法、计算范围及数据收集上的现实性，以及数据资料的真实性程度。剔除一些相关性不高、区分度不大、操作性不强的指标。指标体系整体检验应侧重于检验各指标整体上的必要性及完整性，以及指标之间内在的协调一致性。

6.1.4 指标体系结构优化

综合评价的研究人员应从指标体系整体角度检查评价目标的分解是否科学完整、指标体系的平行结构是否独立明晰。若有评价目标间的相互包容，则应进行剥离和归并；指标体系的平行结构若重叠交叉，则应进行重新的梳理和调整。

6.1.5 确立权重系数

指标权重反映了指标对评价目标的贡献程度，也反映了不同指标在评价指标体系中的价值地位。不同的权重系数结构会导致不同的评价结果，权重系数确立在综合评价设计中占有重要地位。确立权重系数的方法可分为主观赋权法、客观赋权法、组合赋权法及交互式赋权法四大类。

6.1.6 结果输出及解释

根据评价指标及其权重系数，在数据收集的基础上对对象系统的目标特征进行评价，为系统决策提供科学依据。

6.2 食品供应链透明度评价体系研究构建过程

6.2.1 评价对象分析框架确立

"食品供应链透明度"是一个相对的、定性的概念，其需求主体包括食品企业经营管理者、供应链上下游企业、政府食品安全监管部门、消费者等利益相关者。同时，食品供应链透明度包涵了食品供应链不同环节的透明状况。Stringer 等（2007）认为，完整的食品供应链可划分为初级原材料生产、商品加工、制造、运抵消费者和消费者处理五个阶段。[95]为表达简明的需要，本研究将食品供应链划分为食材生产、食品加工、食品制造、食品流通和食品消费五个阶段（见图 6-2）。食材生产包括食品原材料的种植或养殖，以及食品原材料的收获行为（收割、捕捞、运送等）。食品加工则包括食品准备和食品处理两个操作阶段。食材的屠宰、包装、运输、储存、清洁、分拣、烘干、冷冻等操作单元属于食品准备阶段。食材的碾磨、压榨、熏制、发酵、烘焙等操作单元属于食品处理阶段。食品制造包括制造准备和制造处理两个操作阶段。食品的采购、储藏、添加食品添加剂、酸洗、切割、筛分、混合、轧制、热处理等操作单元属于制造处理阶段。食品流通包括销售准备和陈列销售两个操作阶段，销售准备包括食品采购、运输、储存、包装、冷藏、废料处理等操作单元，陈列销售则包括食品陈列、食品售卖、食品包装等操作单元。储存、冷藏、加热、调制、饮食、废料处理等属于食品消费范围。从食品安全的角度看，食品供应链不同环节的安全状况是相互联系的，一个环节的不安全因素会传导到其他的环节。因此，食品供应链透明度评价理论上应涵盖食品供应链所有的阶段、操作阶段及操作单元。

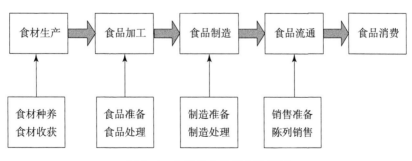

图 6-2　食品供应链基本流程图

食品供应链的任何阶段都涉及技术和管理问题，学术界往往从控制活动（Control activities）和保障活动（Assurance activities）两个方面对食品供应链不同环节的安全管理状况进行分析与评价（见图 6-3）。Luning 和 Marcelis（2007）认为，控制活动的目的在于使产品和流程状态处于特定的界限内，保障活动侧重于对系统功能的设置、评价和调整。[96]根据功能的不同，控制活动可分为三种：预防、监测和干预。预防性控制活动的目的在于防止产品污染，监测性活动在于提供产品和流程的状态信息以便于改进，干预性控制活动在于采取措施以减少产品污染。[97]保障活动包括界定系统功能、验证、检验、记录和存档等活动。食品供应链透明度评价应包含对食品供应链不同管理环节透明安全状况的评价。

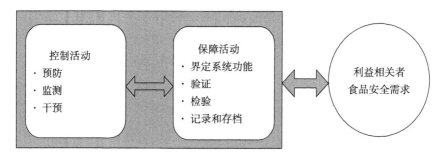

图 6-3　企业食品安全管理功能模型

食品供应链透明度评价的根本目的是为了满足利益相关者的食品安全信息需求，从而通过社会共治的途径保障食品安全。从食品安全利益相关者的角度，食品供应链透明必须体现为具体的透明结果，主要包括产品信息透明、过程信息透明和消费指示透明三个方面。产品信息透明指食品本身安全信息的透明，包括产地、成分、生产时间、保质期、产品认证等信息的透明。过程信息透明指食品生产、加工、制造、销售等阶段的技术管理信息的透明，包括管理体系认证、生产工艺、卫生条件等信息的透明。消费指示透明指食品消费的准备要求、饮食方式、储存条件等信息的明示。

由上可见，食品供应链透明度评价的对象一个多维度、多层面、多环节的系统，根据已有的知识基础，本研究提出食品供应链透明度评价对象的三维结构图（见图 6-4），用以指导透明度评价过程。

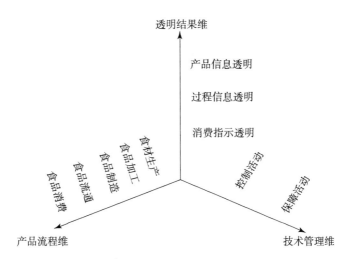

图6-4 食品供应链透明度评价三维结构图

6.2.2 评价指标识别

为有效识别食品供应链透明度评价指标，本研究首先进行相关文献分析，对涉及食品安全评价方面的文献进行收集、分析和归纳。此外，对相关专家（n=7）进行半结构化访谈，这些专家来自大型食品企业质量管理负责人、高校食品安全科学与工程专业教授、政府食品安全监管人员。通过访谈，对之前总结的评价指标进行讨论、确认和修正，补充了一些遗漏的指标，并对指标的内涵进行了界定。

6.2.3 评价尺度界定

为方便评价，应对评价指标不同的水平进行清晰的界定。本研究将每一指标分为四个等级（低度透明、基本透明、中度透明、高度透明）。评价尺度的界定基于科学知识、专家判断、关键控制点分析、消费经验等。低度透明代表特定活动没有实施，或主要依靠经验处理，或没有达到起码的水平或状态。基本透明代表特定活动有明确的规范和标准但实施并不彻底，或数据分析不完整，或缺乏相关记录和明示。中度透明代表特定活动能按照规范和标准进行操作，有较明确的信息提示，信息的宽度、精度和深度需进一步提升。高度透明代表特定活动完全符合规范和标准，有明确具体的信息披露，有方便的信息检索途径，完全满足利益相关者的信息需求。根据四个等级的基本要求，针对每一评价指标的具体内容，指标体系中对每一指标的每一等级都用文字和数据进行了界定。

6.2.4 专家审核及修正

为了进一步校验所建立的评价指标体系，本研究通过问卷调查请 18 位专家就评价指标体系的指标选择与尺度界定进行评价。这 18 位专家与上述进行指标识别的专家不同，他们的工作是就指标的相关性、信度和效度进行评价。相关性评价要求专家判断：所选指标有助于食品安全透明性的评价？信度评价要求专家判断：指标及其评价尺度的界定清晰明确？效度评价要求专家判断：指标评价了食品透明供应链中重要环节的安全透明水平。调查问卷采用三级评价，1 代表不同意，2 代表基本同意，3 代表完全同意。18 位专家有 10 位来自食品企业质量管理部门（其中 2 位来自食材生产企业、6 位来自食品生产加工企业，2 位来自大型食品超市），2 位是来自食品质量安全认证企业的注册审核员，3 位来自国家级食品安全研究机构，3 位系来自大学长期从事食品科学与工程专业教学与研究的教授。调查专家的代表性及权威性有助于已建指标体系的审核与修正工作。

根据 18 位专家的判断，本研究将相关性没有获得 50% 以上专家认同的指标予以删除，将专家认为界定不清晰不明确的指标及其评价尺度进行重新界定。而且，专家可以提出新的、更有信度和效度的指标。

6.3 食品供应链透明度评价体系及其解释

经过上述的研究过程，本研究构建出食品供应链透明度评价体系。该体系由"食品供应链技术管理维"和"食品供应链透明结果维"两部分组成，"食品供应链技术管理维"包含"控制活动"和"保障活动"两个子维度，"食品供应链透明结果维"包含"产品信息透明""过程信息透明"和

"消费指示透明"三个子维度，各子维度下包含数量不等的操作性指标。以下将分块对该评价体系进行说明。

6.3.1 食品供应链技术管理维评价

6.3.1.1 控制活动指标及评价尺度

控制活动包括预防、监测和干预三个部分，表6-1总结了预防部分的指标选择结果。预防部分原初共包括12项指标，在专家审核与修正阶段删去了"场所选择"与"生产工艺"2项指标，因为这2项指标"相关性""信度"及"效度"三方面评价均值几乎都没有达到2（2—基本同意）。其余10项指标三方面评价均值均在2以上（"用水控制"信度均值为1.9，非常接近2），具备了良好的接受条件。

表6-1　控制活动指标选择（预防部分）

指标	指标定义	相关性[a]均值	信度[b]均值	效度[c]均值
设备设施卫生	设备设施卫生经过精心设计，根据特定环境条件进行调适以减少（交叉）污染发生，且方便清洁。	2.3	2.1	2.5
设备维护校准	设备维护校准制度精细，对任务和频率有明确的规定。	2.9	2.6	2.8
储存条件	储存设施能维持严格的温度和气压，能有效抑制有害微生物生长。	2.1	2.3	2.5
作业环境卫生	作业环境卫生规划具有明确性、全流程和针对性特点，配备适宜的清洁剂和操作规程。	2.2	2.1	2.1
员工卫生	对员工个人卫生具有严格具体的要求和规定以减少污染发生。	2.2	2.1	2.3
供应商控制	对供应商进行系统、科学的评价和选择。	2.9	2.1	2.9
进料控制	系统适宜的进料控制以减少污染原料的输入	2.8	2.2	2.8
包装能力	拥有适宜的、检测合格的包装设备，能减少不确定性包装变化的发生，使包装符合相应标准。	2.1	2.2	2.1
用水控制	系统科学的用水监测和利用，以避免减少污染。	2.2	1.9	2.1
施肥用药方法[e]	施肥用药方式方法能根据特定的环境进行科学化设计和实施，符合先进的技术标准。	2.7	2.8	2.8
场所选择[d]	生产经营场所选址经过系统科学的评估与决策。	1.2	1.5	1.9

指标	指标定义	相关性[a]均值	信度[b]均值	效度[c]均值
生产工艺[d]	生产工艺明确具体且符合相关标准。	2.1	1.4	1.8

a 本指标与食品供应链透明度相关性大：1—不同意，2—基本同意，3—完全同意；

b 本指标在食品供应链透明度评价中信度高：1—不同意，2—基本同意，3—完全同意；

c 本指标在食品供应链透明度评价中效度高：1—不同意，2—基本同意，3—完全同意；

d 经专家判定应删除的指标；e 只适合食品原材料生产企业。

"设备设施卫生"在有关文献里被认为与食品安全与较大关系，合理的设备设施卫生设计有利于减少（交叉）污染、方便清洁，特别是新进设备和新建设施应进行科学合理的卫生设计。此指标的"低度透明"等级表示设备设施的卫生设计没有特定的制度规定，其设计主要依靠经验及历史分析，设备设施卫生处于未知状态。"基本透明"等级表示设备设施的卫生设计有特定的制度规定，其设计过程接受了相关专家的建议和论证，设备设施卫生状态基本合理。"中度透明"等级表示设备设施的卫生设计按照相关技术标准及行业规范实施，设备设施卫生状态合理。"高度透明"等级表示设备设施的卫生设计严格按照国家及行业相关技术标准和规范实施，且结合企业实际情况进行了有针对性及科学性的调整，设备设施卫生状态合理可控。

"设备维护校准"目的是使设备处于正常的工作状态，专家审核认为该指标与食品安全透明工作关系密切（相关性均值＝2.9，效度均值＝2.8）。"低度透明"等级表示企业对设备维护校准的频率和任务没有明确规定，依据问题及需要进行，设备正常工作状态往往处于求知状态。"基本透明"等级表示设备维护校准的频率和任务有明确规定，有专门的责任制度，设备正常工作状态基本有保障。"中度透明"等级表示设备维护校准工作严格依据行业标准和规范进行，设备正常工作状态有保障。"高度透明"等级表示设备维护校准工作严格依据行业标准和规范进行，且能根据作业特点及环境条件灵活调整，设备正常工作状态有保障。

"储存条件"主要涉及储存设施设计及运行的问题。"低度透明"等级表示储存设施条件没有得到控制，储存设施的周围环境、容量设计和分区储存没有进行合理设计与安排，储存条件能否保证食品安全不可知。"基本透明"等级表示储存设施能控制温度、湿度和气体组成，但实际的储存能力条件并没有得到有效验证。"中度透明"等级表示储存设施能有效控制温度、湿度和气体组成，基本储存能力和条件的相关信息是可知的。"高度透明"等级表示储存设施的功能根据企业特定的环境进行了调整，能有效控制温度、湿度及气体组成，完全符合各种储存需要。

"作业环境卫生"与"员工卫生"在相关文献中经常提及，其与食品安全有明显的联系，往往是物理性、生物性不安全因素的重要源头。"作业环境卫生"的"低度透明"等级表示作业环境卫生没有明确的制度化规定，依据经验及需要进行卫生工作，作业环境卫生处于不可知状态。"基本透明"等级表示作业环境卫生有明确的制度化规定，基本上能按规定执行，作业环境卫生状况基本满足生产经营需要。"中度透明"等级表示作业环境卫生规划具有明确性、全流程和针对性特点，并能严格执行。"高度透明"等级表示作业环境卫生规划建立在系统、科学的分析与验证基础上，配备适宜的清洁剂和操作规程，能根据企业特定的作业环境特点进行调适。"员工卫生"的"低度透明"等级表示对员工卫生要求没有明确规定。"基本透明"等级表示对员工着装、清洁等有明确具体规定，但执行不是非常严格；"中度透明"等级表示对员工个人卫生具有严格具体的要求和规定，并能严格执行；"高度透明"等级表示对员工个人卫生具有严格具体的要求和规定，能根据企业情况适时改进。

"供应商控制"涉及对供应商的选择以预防其输入品的污染。供应商选择是食品安全管理中一项重要的环节，它区分安全供应商与不安全供应商，从而有助于提高所购原材料的安全性。供应商的有效控制不仅仅依靠与其建立长期的合作关系，而且也应该辅之以定期审核与监督。"供应商控制"的"高度透明"等级表示基于预定的标准进行系统的供应商选择，根据审核及食品安全数据统计分析的结果对供应商进行定期评价。"中度透明"等级表示供应商的选择基于其认证资质，根据供应商遵守本企业规范的情况对其进行定期评价。"基本透明"等级表示供应商的选择主要依据其相关证照的办理情况，重点选择与本企业有长期合作关系的供应商。"低度透明"等级表示没有明确的供应商选择规范，主要基于现有的可获得性决定原材料供应商，一般当问题出现后才进行适当的供应商控制。

"进料控制"与"供应商控制"不同，其主要目的是加强入企原材料及辅助材料的质量检查，确保进料符合相关质量安全标准，防止不合格品入库。"进料控制"的"高度透明"等级表示进料控制的手段和方法建立在科学的基础上，并根据相关信息报道及数据分析结果进行适时改进及调整。"中度透明"等级表示对进料控制的作业程序、进料检测项目和方法有明确的规定，并严格执行。"基本透明"等级表示对进料控制有基本的规定，主要依靠目测、手感和量具进行检测。"低度透明"等级表示对进料控制规定不多，只作品类、数量等基本信息的比对和验收。

"包装能力"评价的是食品包装设备的先进性问题。"包装能力"的"高度透明"等级表示食品包装设备能根据产品特性和实际需要实现专业化定制，自动化和智能化水平高，不可预知的包装变化少。"中度透明"等级表示食品包装设备自动化和智能化水平高，包装标准化程度高。"基本透明"等级表示食品包装使用专业化设备，包装过程中人与食品接触机会较少。"低度透明"等级表示食品包装的机械化、信息化、自动化程度低，包装过程主要依靠手工完成，食品污染状况不可知。

"用水控制"指标是用来评价水质是如何控制和处理的。水的利用贯穿整个食品供应链。在食品原材料生产阶段，水用来灌溉、施药、清洗、冰镇等等环节。在食品加工制造阶段，水可用来清洁，甚至作为一种加工原料使用。通过结构化抽样分析进行用水控制，可以有效规避用水污染的风险，而且精细的用水抽样检测信息有助于企业选择有效的水处理技术。用水控制不当将直接导致食品安全问题的出现。该指标的"高度透明"等级表示用水控制是依据统计抽样检验结果实施的，在日常用水环节是严格管控的，水处理方案是科学设计的并验证是符合企业特定环境的。"中度透明"等级表示用水方案是基于专家知识或行业规范制定的，但水质并不属于制度化的检测对象，水处理方案主要依据的是水的来源信息。"基本透明"等级表示水质检测一般是在问题出现后临时进行，用水主要依据的是关于水源质量的历史性经验。"低度透明"等级表示用水方案依据的是关于水源质量的历史性经验，企业没有水质检测的制度规范和能力。

"施肥用药方法"对保障食品安全具有重要的意义。该指标的"高度透明"等级表示施肥用药方案是根据特定的生产地点科学制定，并经过实际环境的测试，对于农药和化肥的品种、储存方法、施用频率、施用方法有明确的规定。"中度透明"等级表示施肥用药方案的设计和实施是基于行业规范和专家知识，关于肥药的储存、施用频率、施用方法主要依照标签说明或供应商的指导。"基本透明"等级表示企业制定有施肥用药方案，方案设计主要根据一般的农业知识，关于肥药的储存、施用频率、施用方法主要根据自己的经验和知识。"低度透明"等级表示企业没有明确具体的施肥用药方案，施肥用药主要依据自己的经验和知识。

表 6-2 列明了控制活动中监测部分的指标选择结果。Hulebak 和 Schlosser（2010）指出食品安全监测系统的重要要素包括危害识别、风险评估、关键控制点和其他控制点的确定。[98]食品安全危害一般要通过控制点管控以防止病原体的生长、化学性或物理性污染，食品安全监测系统的不当必然会导致食品安全问题的产生。因此，"ccp/cp 分析""阈值和容差制定""测量能力"对于监测食品安全状况意义重大，此三个指标的透明等级描述如表 6-2 所示。"微生物分析方法"和"微生物抽检方案"两个指标涉及对生物性危害的监测，它们的"高度透明"等级都表示生物性危害的监测活动运用了先进的科学知识和技术，方法和方案适应了特定的食品生产经营过程，都具系统性及检验有效性。"中度透明"等级都表示生物性危害的监测活动运用的是行业一般的知识和技术，但没有根据企业自身的生产经营特点进行特别设计。"基本透明"等级都表示生物性危害的监测活动侧重于对基本病原体的抽检和分析。"低度透明"等级都表示生物性危害的监测活动缺乏科学和系统的知识和技术支撑。

为有效评价对化学性食品安全危害的监测透明度，本研究拟定了"药肥残留分析方法"和"药肥残留抽检方案"两个指标。抽检数据的真实性往往受抽检方案和分析方法质量的影响，农药（兽药）化肥残留的抽检和分析可以由企业自己来做，但现在愈来愈多的企业也重视第三方机构的作用。这两个指标的"高度透明"等级都表示化学性危害的监测活动由认可的实验室采用国际认可的方法进行抽检和分析，其他等级界定见表6-2。

表6-2　控制活动指标选择（监测部分）

指标	指标定义	低度透明	基本透明	中度透明	高度透明
ccp/cp分析	危害和风险分析以及关键控制点及控制点的监测的科学性和系统性。	危害和风险分析以及关键控制点及控制点的监测建立在经验基础上，危害控制水平不确定。	危害和风险分析建立在科学基础上，依据行业标准及经验确立关键控制点及控制点。	危害和风险分析以及关键控制点及控制点的监测建立在最新科学基础上，对食品安全的监测有效。	危害和风险分析以及关键控制点及控制点的监测建立在科学依据和系统分析的基础上。
阈值和容差制定	关键流程和产品参数的标准和容差的明确性和科学性。	关键流程和产品参数的标准和容差没有精确界定，主要依靠经验和判断。	关键流程和产品参数的标准和容差有具体的规定，并得到有效执行。	关键流程和产品参数的标准和容差有具体的规定，其制定有科学数据的支撑。	关键流程和产品参数的标准和容差具有明确性和科学性，且根据实际精心设定。
测量能力	测量设备对关键流程和产品参数进行监测的有效性。	对关键流程和产品参数的测量缺乏相应的设备的技术。	对关键流程和产品参数的测量采用专业化设备，能检测基本的安全指标。	采用先进的检测设备，能对关键流程和产品参数进行有效监测。	采用精确和灵敏的设备对关键流程和产品参数进行有效监测。
微生物分析方法	病原体分析方法的有效性。	缺乏病原体分析方法的先进方法。	能对基本的病原体进行相关检测。	采用行业先进方法对病原体进行有效分析。	采用灵敏的、特定的、可复验的快速检测方法对病原体进行分析。
微生物抽检方案	对产品和流程生物性污染状况抽检方案的科学性及有效性。	对产品和流程生物性污染状况缺乏明确有效的抽检方案。	对产品和流程生物性污染状况具有明确的抽检方案，注重对重点类型的抽检。	对产品和流程生物性污染状况的抽检方案建立在统计学基础上，具有较强的科学性及有效性。	对产品和流程生物性污染状况的抽检方案建立在统计学基础上且根据实际精心制定。
药肥残留分析方法	化学污染分析方法的有效性。	缺乏化学污染物分析的先进方法。	能对基本的化学污染物类型进行相关检测。	采用行业先进方法对化学污染物进行有效分析。	采用灵敏的、特定的、可复验的快速检测方法对化学污染进行分析。

指标	指标定义	低度透明	基本透明	中度透明	高度透明
药肥残留抽检方案	对产品和流程化学性污染状况的抽检方案的科学性及有效性。	对产品和流程化学性污染状况缺乏明确有效的抽检方案。	对产品和流程化学性污染状况具有明确的抽检方案，注重对重点类型的抽检。	对产品和流程化学性污染状况的抽检方案建立在统计学基础上，具有较强的科学性及有效性。	对产品和流程化学性污染状况的抽检方案建立在统计学基础上且根据实际精心制定。

表 6-3 列明了控制活动干预部分的指标选择结果，共三项指标。"物理干预"指在生产经营过程中使用特定的设备和方法使食品中的微生物失去活性或消除微生物到可接受的水平，常用的方法有热处理、照射、高压等等，物理干预不当会导致食品安全事件的发生。"化学干预"与"物理干预"的目的类似，一般通过利用氯、臭氧等化学物质进行杀菌。两种干预的"低度透明"等级表示干预过程运用普通的方法，不针对产品特点进行区别性干预，干预效果不能确定。"基本透明"等级表示干预过程采用行业一般设备和方法，但并没有根据企业产品特点进行针对性干预设计。"中度透明"等级表示针对特定产品采用行业先进干预设备和方法，但并没有根据企业环境特征进行有针对性的设计和调试。"高度透明"等级表示干预活动根据企业特殊的环境进行了针对性设计，干预效果经实际测试有效。"纠偏措施"主要评价纠偏措施的明确性、具体性及针对性，该指标的"高度透明"等级表示对纠偏措施有完整清晰的描述，能根据偏差严重性程度制定针对性的纠偏措施。

表 6-3 控制活动指标选择（干预部分）

指标	指标定义	低度透明	基本透明	中度透明	高度透明
物理干预	物理干预方法的有效性	采用普通的物理干预方法，干预效果不能确定。	物理干预过程采用行业一般设备和方法，没有根据企业产品特点进行有针对性的设计。	针对产品特点采用行业先进干预设备和方法，但并没有根据企业环境特征进行有针对性的设计和调试。	干预活动根据企业特殊的环境进行了有针对性的设计，干预效果经实际测试有效。

指标	指标定义	低度透明	基本透明	中度透明	高度透明
化学干预	化学干预方法的有效性。	采用普通的化学干预方法，干预效果不能确定。	化学干预过程采用行业一般设备和方法，没有根据企业产品特点进行针对性设计。	针对产品特点采用行业先进干预设备和方法，但并没有根据企业环境特征进行有针对性的设计和调试。	干预活动根据企业特殊的环境进行了有针对性的设计，干预效果经实际测试有效。
纠偏措施	纠偏措施的明确性、具体性及针对性	对纠偏措施没有具体清晰的描述，主要依据经验进行。	对纠偏措施有明确的描述说明，但纠偏措施的系统性和针对性不足。	对纠偏措施有完整清晰的描述，纠偏措施的系统性和针对性较强。	对纠偏措施有完整清晰的描述，能根据偏差严重性程度制定有针对性的纠偏措施。

6.3.1.2 保障活动指标及评价尺度

与食品安全控制活动不同，食品安全保障活动主要涉及对食品安全技术管理系统的设计、评价和调适，表6-4列明了保障活动的主要评价指标。"外部需求传递"主要评价食品安全外部利益相关者（消费者、政府部门、供应链上下游企业等）的需求能否有效地传输到企业的食品安全技术管理系统，并促使现有的技术管理方式进行相应的调适。受民众生活水平的提高、消费者维权意识的觉醒以及食品安全事件的社会震动等因素的影响，食品安全外部利益相关者对食品企业的要求不断扩大和增强，法律规制、消费投诉、细分需求、标准控制等外部需求日益影响企业的行为选择。食品企业的经营管理者意识到，只有积极地回应外部需求，企业才能有效地规避经营风险和培养竞争优势。因此，"外部需求传递"成为食品供应链透明度评价的重要指标。该指标的"高度透明"等级表示企业能采用积极的方法，对外部需求可能的变化作系统的分析，对自身生产管理的关键方面进行评估与调适。该指标的"低度透明"等级表示只有当问题出现后，或法律和需求变更后，企业才对外部需求作被动的传递。除了外部需求信息的输入外，在食品安全控制过程中也产生大量的信息，对这些来自内部的反馈信息进行系统的利用有助于改进食品安全技术管理工作。因此，"反馈信息利用"也成为食品供应链透明度评价的重要指标。该指标的"高度透明"等级表示对来自企业内部的检验和验证报告信息作系统分析，并转化为企业食品安全技术管理系统的具体改进，这种分析和转化建立在清晰的流程和明确的责任制基础上。该指标的"低度透明"等级表示只有当问题或事件出现后才对相关反馈信息进行分析和利用。

表 6-4　保障活动指标选择

指标	指标定义	低度透明	基本透明	中度透明	高度透明
外部需求传递	对外部利益相关者需求进行系统和准确传递的程度	当问题出现后，或法律和需求变更后，企业才对外部需求作被动的传递。	注重外部需求的变化，但外部需求分析的系统性及需求传递的时效性不够。	能对外部利益相关者需求进行系统分析，并积极促成企业内部改变。	采用积极的方法，对外部需求可能的变化作系统的分析，对自身生产管理的关键方面进行评估与调适。
反馈信息利用	对食品安全控制系统产生的真实反馈信息系统利用的程度	当问题或事件出现后对相关反馈信息进行分析和利用。	对反馈信息分析、汇报和应对有明确的程序和责任制，但分析的系统科学性和利用的有效性不够。	对反馈信息的分析和利用有清晰的流程和明确的责任制，反馈信息利用效率效果较好。	通过建立清晰的流程和明确的责任制，对来自企业内部的检验和验证报告信息作系统分析，并迅速有效转化为企业食品安全技术管理系统的具体改进
预防措施检验	对食品安全预防措施效果的检验	检验工作一般是临时性的，主要基于历史的知识，由内部专家进行分析判断。	检验工作是制度性的，依靠内部专家的知识与经验进行分析判断。	对预防措施的有效性进行基于科学事实的、系统的检验，检验主要由内部专家进行。	对选定的预防措施的有效性进行基于科学事实的、系统的和独立的检验。
监测系统检验	对食品安全监测系统效果的检验	检验工作一般是临时的，主要基于历史的知识，由内部专家进行分析判断。	检验工作是制度性的，依靠内部专家的知识与经验进行分析判断。	对监测系统的有效性进行基于科学事实的、系统的检验，检验主要由内部专家进行。	对监测系统的有效性进行基于科学事实的、系统的和独立的检验。
干预策略检验	对食品安全干预策略效果的检验	检验工作一般是临时的，主要基于历史的知识，由内部专家进行分析判断。	检验工作是制度性的，依靠内部专家的知识与经验进行分析判断。	对干预策略的有效性进行基于科学事实的、系统的检验，检验主要由内部专家进行。	对选定的干预措施的有效性进行基于科学事实、系统的和独立的检验。

指标	指标定义	低度透明	基本透明	中度透明	高度透明
员工遵章验证	对于员工遵守食品安全操作规范的验证	验证工作只是基于对现状的检查，这种检查是临时性的、由内部专家进行。	验证工作按照固定的频率和要求进行，由内部专家进行分析判断。	验证工作由内部专家按照规定的频率进行，通过分析、实地的检测和观察得出结论，根据验证结论进行迅速有效的系统修正。	验证工作由外部独立专家按照规定的频率进行，通过分析、实地的检测和观察得出结论，根据验证结论进行迅速有效的系统修正。
设备方法验证	对设备和方法绩效的验证	验证工作只是基于对现状的检查，这种检查是临时的、由内部专家进行。	验证工作按照固定的频率和要求进行，由内部专家进行分析判断。	验证工作由内部专家按照规定的频率进行，通过分析、实地的检测和观察得出结论，根据验证结论进行迅速有效的系统修正。	验证工作由独立专家按照规定的频率进行，通过分析、实地的检测和观察得出结论，根据验证结论进行迅速有效的系统修正。
记录适宜性	食品安全信息记录系统的有效性	记录内容非结构化、记录手段主要依靠手工，不易检索。	记录工作由专人负责，记录内容具有制式化和结构化特点，但不易检索。	记录内容具有结构化、实时更新和易检索的特点，但内容的系统性和集成性不够。	记录系统具有集成性、实时更新和易检索的特点。
存档适宜性	食品安全信息记录保存系统的有效性	存档只是临时性的，存档内容不系统，不易检索。	存档内容结构化，由专人负责管理，但不易检索。	存档系统具有结构化、自动化和易检索特点，但信息集成性不够。	存档系统具有结构化、集成性和易检索的特点。

　　检验（Validation）和验证（verification）在预防性方法中非常重要，PX们通过检查流程中的每一个环节以发现问题，从而有助于做好事前预防。检验工作按其对象特征可划分为"预防措施检验""监测系统检验"和"干预策略检验"三类，此三类活动评价指标的"高度透明"等级表示检验工作具有系统性和独立性（一般应通过外部专家或机构），检验结论建立在科学分析的基础上且能有效促进食品安全技术管理系统的调适。"低度透明"等级表示检验工作一般是临时的，主要基于历史的知识，只是由内部专家进行分析判断。Okello等（2007）、Garrett（2009）研究指出，对员工遵守相关食品安全操作规范的验证、对相关设备和方法有效性的验证对于保障产品安全十分重要。[99-100]"员工遵章验证"和"设备方法验证"两项指标

的"高度透明"等级表示验证工作由独立专家按照规定的频率进行，通过分析、实地的检测和观察得出结论，根据验证结论进行迅速有效的系统修正。两项指标的"低度透明"等级表示验证工作只是基于对现状的检查，这种检查是临时的、由工作在本系统的人进行。

记录（Documentation）和存档（Record-keeping）两项工作的目标在于收集产品和流程的数据信息，并以报告、说明、手册等形式保存相关信息。Taylor 等（2010）指出，对任何其设计和运作是依据相关标准的食品安全管理系统来说，记录和存档活动在向利益相关者提供透明和信心方面意义重大。[101]这两项工作的"高度透明"等级表示记录具有结构化和完整性，由专人负责并实时更新，信息资料集中管理，所有利益相关者可自动检索并可提供在线服务。"低度透明"等级表示记录和存档是非结构化的，对信息资料只是临时的记录和保存。

6.3.2 食品供应链透明结果维评价

食品供应链透明结果维包括产品信息透明、过程信息透明和消费指示透明三类子维度（见表6-5）。"产品信息透明"包括"食品标识"和"产品质量认证"两个操作性指标。食品标识是指粘贴、印刷、标记在食品或者其包装上，用以表示食品名称、质量等级、商品量、食用或者使用方法、生产者或者销售者等相关信息的文字、符号、数字、图案以及其他说明的总称。食品标识有利于消费者或采购商了解食品的相关信息，消减交易双方信息不对称现象，增强食品安全信息的透明度。"食品标识"指标评价的是食品标识内容真实准确、通俗易懂、科学合法的程度。该指标的"高度透明"和"中度透明"等级都表示食品标识内容真实准确、通俗易懂、科学合法（即符合国家有关食品标识管理规定），"高度透明"等级代表更高的水平。该指标的"基本透明"等级表示食品标识内容真实准确，但标识内容不完整。该指标的"低度透明"等级表示食品标识内容真实准确度不高，甚至含有国家标识管理规定中规定不得标注的内容或禁止的食品标识。认证是指由认证机构证明产品、服务、管理体系符合相关技术规范、相关技术规范的强制性要求或者标准的合格评定活动。根据认证对象的不同，食品安全认证包括产品认证和体系认证两种。产品质量认证为食品的购买者或使用者提供了一个关于食品质量安全属性的信号，是产品信息透明的重要衡量指标。"产品质量认证"指标评价的是产品质量认证标志或者认证证书真实合法的程度，以及认证等级的先进性程度。我国现有的产品认证有无公害食品认证、绿色食品认证、有机食品认证等，不同的产品认证有不同的认证标志。食品企业必须向依法设立的认证机构申请产品、服务、管理体系认证，认证机构严格按照认证基本规范、认证规则开展认证活动，认证结论为产品、服务、管理体系符合认证要求的，食品企业才能获得认证机构出具的认证证书。目前，我国绝大部分食品企业都通过了 QS 食品质量安全市场准入认证（QS 属于食品行业的基本认证），但通过较高的食品安全认证等级的企业则很少，已通过较高认证等级的一般都是出口导向型企业。[102]"产品质量认证"的"高度透明"和"中度透明"等级都表示产品质量认证标志或者认证证书真实合法，所获认证标准与国际接轨，高度透明等级表示等级更高（如获得被 GFSI 认可的标准）。该指标"基本透明"等级表示产品质量认证标志或者认证证书真实合法，但所获认证级别较低，如通过无公害农产品认证。该指标"低度透明"等级表示产品质量认证标志或者认证证书真实合法性不够。

表 6-5　食品供应链透明结果维指标选择

子维度	指标	指标定义
产品信息透明	食品标识	食品标识内容真实准确、通俗易懂、科学合法的程度
	产品质量认证	产品质量认证标志或者认证证书真实合法的程度，以及认证等级的先进性程度
过程信息透明	管理体系认证	管理体系认证证书真实合法的程度，以及认证等级的先进性程度
	可追溯性	是否加贴可追溯标签，追溯的宽度、深度和精度的适宜程度
消费指示透明^a	食品准备	食品洗涤、储存、加热等准备过程指示的充分、明确性
	食品制作	食材组合、加热调味等制作过程指示的充分、明确性

a：仅限于食品销售和食品消费环节。

　　过程信息透明是指食品生产经营全过程中相关食品安全信息可以为利益相关者接触和了解。通过透明的过程信息，消费者可以了解食品的原产地、生产加工过程、相关指标安全等情况，食品企业可以监控食品生产经营过程和食品流向、识别食品安全问题等。因此，过程信息透明是监督和保障食品安全的重要凭借，也是食品供应链透明度评价的重要维度。"过程信息透明"包括"管理体系认证"和"可追溯性"两个操作性评价指标。管理体系认证是对企业整个的生产经营过程符合相关技术规范和标准的评定，目前国际范围内通用的食品安全管理体系认证主要有GMP（良好作业规范认证）、HACCP（危害分析和关键控制点认证）、ISO（国际标准化组织认证）、IFS（国际食品标准认证）、SQF（食品安全质量认证）、BRC（英国零售商协会认证）等。该指标的评价尺度类同"产品质量认证"，在此不再赘述。食品信息可追溯性是指在食品上加贴信息可追溯标签，通过对食品各种信息记录的标识，从而追溯食品的历史、用途或位置的能力。[103]利益相关者通过食品上加贴的可追溯标签能迅速了解食品从原材料生产到流通的整个过程的有关信息，从而一定程度上增加对食品安全品质及其他品质的信赖感。[104]Dickinson等（2003）研究指出，可追溯系统如果能加入更多关于食品质量安全信息的综合评价，会使信息可追溯标签携带的信息内容更为丰富，消费者支付愿意（Willing to pay，WTP）会更高。[105]因此，溯源信息的宽度、深度和精度会直接影响利益相关者对食品过程信息透明度的认知。"可追溯性"指标的"高度透明"等级表示食品加贴可追溯标签，且追溯信息的宽度、深度和精度能满足利益相关者的信息需求。该指标的"低度透明"等级表示食品未加贴可追溯标签。

　　食品消费是食品供应链的末端阶段，Stringer等（2007）指出，食品消费在三种情况下可能会发生食品安全事故（Breakdown）：处理者（Handler）没有得到充分的关于食品准备和利用的指示说明、处理者没有遵循食品准备的有关指示说明、不当的食品储存条件。[95]"消费指示透明"评价的是食品企业向消费者传递的关于科学食品消费方式信息的充分与明确程度，包括"食品准备"和"食品制作"两个操作性评价指标。食品准备涉及食品的洗涤、储存、加热等准备过程，食品制作则涉及食材组合、加热调味等制作过程，两项指标"高度透明"等级都表示关于过程的指示说明信息充分、明确、通俗易懂。

6.3.3 食品供应链透明度评价结果输出形式

和我国一些地区发布的食品安全指数不同，本研究提出的食品供应链透明度评价体系不是一个直接用于政府部门进行食品安全监测的工具，其用途主要体现在以下两个方面：一是用于食品供应链企业的自我评价。食品供应链企业（特别是核心企业）可利用该评价体系对自身的食品安全管理系统进行全面的检查，由此发现系统中的"短板"和"盲区"。此外，评价指标的"中（高）度透明"等级一般是参照行业先进企业标准制定的，企业可依据该评价体系了解行业"最佳实践"，有助于进行标杆管理。二是可作为一种研究工具。研究者可通过广泛收集特定食品行业上下游企业的相关数据，利用该评价体系进行系统评价，以此剖析该行业食品安全管理的优点和不足，从而为加强相关层面的管理提供科学依据。

关于食品安全评价，研究者一般通过指标选择—权重分配—指数计算的方式进行。本研究并不认同这种方式，食品供应链上的安全风险具有传递性，一个操作单元的不安全行为就可能摧毁整个供应链的安全性。2008年的"三聚氰胺事件"主要致因就是原料奶收购环节的安全措施不透明，2011年双汇"瘦肉精事件"主要致因是外购生猪瘦肉精检测的形同虚设。所以食品供应链安全评价即使最后评价指数很高，也并不意味其最终产品的安全。因此，食品供应链透明度评价不能采用指标的加权求和方式，而应用数据与图像相结合的方式去反映整个供应链具体环节、具体操作单元的安全透明状况，从而帮助企业寻找食品安全管理的"短板"与"盲区"。由此，本研究将采用雷达图分析法进行食品供应链透明度评价的结果输出工具。雷达图分析法是综合评价中常用的一种方法，尤其适用于对多属性体系结构描述的对象做出全局性、整体性评价，具有直观、形象、易于操作等优点。

第七章　食品供应链透明度评价
——以天津 H 公司为例

7.1 研究方案设计

7.1.1 食品供应链的选取

在食品供应链研究对象的选取上，本研究遵循两项原则：一是研究对象在食品透明供应链建设上具有典型性。二是能深度嵌入该供应链的食品安全管理过程，从而能收集第一手实证数据。依据这两条原则，本研究选择以天津 H 公司（以下简称 H 公司）为核心的乳制品供应链为研究对象。

2008 的乳业风波对我国乳制品行业造成巨大的打击，消费者对国产乳制品的信任大大降低，进口乳制品趁机大举占据国内市场。为挽救本土乳业，各级政府、行业协会和乳制品企业积极行动起来。2008 年，国务院颁布实施《乳品质量安全监督管理条例》（第 536 号），对奶畜养殖、生鲜乳收购、乳制品生产、乳制品销售、监督检查，法律责任等进行了严明的规定。2009 年《食品安全法》出台，2012 年《食品安全国家标准"十二五"规划》提出在"十二五"期间制定、修订完成乳制品等主要大类食品的产品安全标准。2012 年《国家食品安全监管体系"十二五"规划》出台，国家将从法规标准、监测评估、检验检测、过程控制、食品安全诚信等方面加强食品安全监管。五年多来，新的乳制品标准不断出台，国家对三聚氰胺、黄曲酶毒素、重金属、农残、药残这些食品安全指标都做了明确指标上的规定。乳制品企业为恢复消费者信心，在奶源建设、生产工艺、流通销售等阶段进行了大量的投入和变革。乳制品的安全已成为各方利益相关者关注的热点，这为乳制品供应链的安全透明建设创造了良好的环境。

H 公司是一家集奶牛饲养、乳与乳制品科研、生产、培训、销售为一体的专业现代化股份制企业，是天津乳业中首家农业产业化国家重点龙头企业、高新技术企业，也是天津市首批放心奶示范企业。H 公司日鲜奶处理能力 400 吨，年鲜奶加工能力 14 万吨，总产值达 4.5 亿元人民币，生产规模居天津同行业之首。产品主要有超高温灭菌奶、巴氏奶、酸奶和乳饮料、学生饮用奶、奶粉等五大系列共六十余个品种。产品销售遍布华北、东北、西北、华东和广西等地，目前在天津市场占有率达 50% 以上，居天津乳品市场之首。

为生产高品质的乳制品，H 公司在奶源把控、生产工艺环节、产品上市、消费者监督等方面开展了大量工作，在透明乳制品供应链建设上成绩显著，形成了以 H 公司为核心的紧密型供应链治理结构（见图 7-1，本研究关于该供应链的介绍主要来自该企业官网）。天津 H 公司已顺利通过了ISO9001 质量管理体系认证，已导入 ISO22000 食品安全管理体系认证。公司的品牌牛奶系列产品经中国绿色食品发展中心许可使用绿色食品标志。

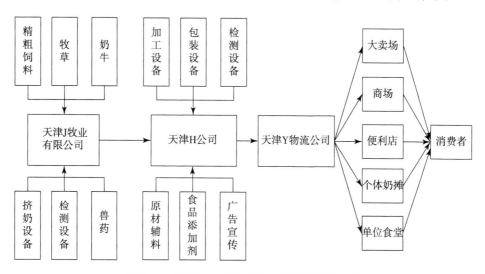

图 7-1 以天津 H 公司为核心的乳制品供应链

H 公司原料奶供应全部来自于天津 J 牧业有限公司（以下简称 J 公司）下属的各大国有牧场。J 公司以奶牛饲养、生鲜奶源、饲料加工及技术服务为主营项目，下属有十四个奶牛场和一个饲料公司，总资产 6.4 亿元，现有员工总数为 980 人。目前，J 公司奶牛存栏总数为 20000 头，其中成年母牛 10000 头，平均年头单产 10000 公斤以上，年头单产最高达到 24000 公斤、日生产能力 27 万公斤、年生产能力 10000 万公斤以上。J 公司被认定为"无公害牛奶生产基地""绿色生鲜牛奶""全国奶牛标准化示范场"，参加了农业部"全国无公害农产品质量追溯系统"，获得了"全国养殖示范小区""社会公认满意产品""全国标准化示范场"等荣誉称号,并通过了ISO9000 质量体系认证。

H 公司生产的乳制品全部由天津 Y 物流公司(以下简称 Y 公司)进行配送。Y 公司是一家专门从事配送的第三方物流公司,配送的产品以 H 公司的乳制品为主。现有员工近 600 人,分为常温配送部和低温配送部。公司有冷藏车 23 辆,其中 2 吨的冷藏车 12 辆,4 吨的冷藏车 8 辆,6 吨的冷藏车 3 辆。

研究者所在的研究团队与天津 H 公司有长期的合作关系,曾共同申报研究课题,并参与了 H 公司质量追溯系统的创建工作,与公司各方面负责人有较多的交流。对于本研究想以 H 公司为实证对象的提议,公司质量安全部门负责人表示积极支持与配合。

综合以上各方面条件,本研究决定以 H 公司为核心的乳制品供应链为实证对象,运用之前构建的食品供应链透明度评价体系,检测该评价体系的评价能力,并初步掌握乳制品供应链透明建设方面存在的薄弱环节,为其后的规范研究提供依据。

7.1.2 原始数据的收集

为综合评价以 H 公司为核心的乳制品供应链的安全透明状况,本研究根据该供应链的构成结构,从上游到下游分别选取 J 公司、H 公司、Y 公司和从事 H 公司乳制品销售的几大卖场为评价对象。

本研究结合食品供应链透明度综合评价体系和 J 公司实际业务特点,剔除了综合评价体系中的"食品准备""食品制作"两个无关评价指标,来评价乳制品原料奶供给环节的安全透明状况。J 公司下辖十四个奶牛场,本研究将问卷分发给十四个奶牛场的场长和 J 公司负责饲养安全的技术人员,共回收问卷 16 份。

H 公司是供应链核心企业,为提高透明度评价的精度,本研究精选熟悉H 公司食品质量安全技术管理工作的内部人员 5 名作为问卷发放对象,其中研发部 2 名,品控部 2 名,公司副总工程师 1 名。此外,问卷发放对象还包括公司外部专家 1 名,该专家全程参与公司质量追溯系统构建过程,熟悉 H 公司整个运营流程、技术标准和管理规范。问卷中的评价指标不包括"施肥用药方法"这一无关指标。同时，对"食品标识""可追溯性""食品准备""食品制作"四个指标的评价，本研究还结合了消费者的问卷调查。具体做法是，在天津市人人乐、大润发、家乐福、华润万家、物美五大知名卖场中，依据方便抽样原则各抽取一家大卖场作为调查点，随机调查其中的 10 名 H 牌乳制品消费者，让其对 H 牌乳制品的"食品标识""可追溯性""食品准备""食品制作"四个指标进行评价。最后，将得到的 50 份问卷进行统计分析，求出每个指标的得分均值。

对 Y 公司的评价，本研究共发放问卷 15 份，发放对象包括 Y 公司仓储主管 1 名，运输主管 1 名，库库监控人员 2 名，运输监控人员 2 名，配送司机 3 名，H 公司在天津市市区设置的乳业门市部负责人 6 名。之所以选择乳业门市部负责人作为调查对象，是因为他们与 Y 公司的物流配送直接接触，且对 Y 公司的安全管理与技术也比较熟悉。问卷中的评价指标不包括"施肥用药方法""药肥残留分析方法""药肥残留抽检方案""产品质量认证""食品准备""食品制作"六项无关指标。

大型卖场目前是 H 公司乳制品销售的最大渠道，本研究在 H 公司销售部人员的协助下，与承销 H 牌乳制品的天津市各大卖场负责质量安全的有关人员取得联系，每家卖场发放问卷 1 份，共发放问卷 121 份，回收 79 份，回收率 65.29%。问卷中的评价指标不包括"包装能力""施肥用药方法"两项无关指标。

7.2 研究结果

图 7-2 为以 H 公司为核心的乳制品供应链透明度评价结果。

在原奶生产环节，乳品质量安全的控制活动除"作业环境卫生"外，其他指标的评价均值都在 3 等（中度透明）以上，"作业环境卫生"的评价均值为 2.9，也接近中度透明。这表明 J 公司在食品质量安全的预防、监测和干预方面具有较高水平的安全透明性。应该看到，"作业环境卫生"（M=2.9）、"员工卫生"（M=3.1）、"用水控制"（M=3.2）、"ccp/cp 分析"

（M=3.3）、"药肥残留抽检方案"（M=3.2）、"药肥残留分析方法"（M=3.2）六项指标评价均值都在3.3以下，距离高度透明等级有较大的提升空间。J公司有2万头纯种的荷斯坦奶牛，为保证生鲜乳的品质与安全，公司有自己的种植基地，还有精饲料加工基地，种植牧草、紫花苜蓿、全株玉米等作物，从外部采购玉米、豆粕和一部分牧草。饲料的质量安全直接影响整个乳制品供应链的质量安全，因此J公司在用水、施肥、用药等控制环节的工作仍面临一定压力。J公司质量安全保障活动中"外部需求传递"（M=3.5）、"员工遵章验证"（M=3.6）、"记录适宜性"（M=3.7）三项指标在中等透明和高度透明之间，"反馈信息利用"（M=3.3）、"监测系统检验（M=3.1）""干预策略检验"（M=3.2）、"设备方法验证"（M=3.4）四项指标大致属于中度透明等级，而"预防措施检验"（M=2.8）、"存档适宜性"（M=2.2）两项指标都在基本透明和中度透明之间，提升的空间较大。预防措施检验是实施食品安全风险事前控制的重要手段之一，存档适宜性关系到利益相关者对食品质量安全信息的检索与利用，是事后控制的重要环节。显然，这两项指标的绩效对保障原料奶生产过程的透明性有较大的影响。在透明结果维度，原料奶生产环节的整体评价不高。除"食品标识"（M=3.1）外，其他三项指标的评价均值都处于基本透明状态，原料奶生产环节的产品质量认证和管理体系认证等级不太高、原料奶的可追溯性不强。

在乳品制造环节，控制活动指标评价都在中度透明以上，且大部分指标均值在3.5以上，表明H公司食品质量安全控制活动具有较高的安全透明度。指标均值在3~3.3之间的指标有"作业环境卫生""供应商控制""进料控制""ccp/cp分析""阈值和容差制定""药肥残留分析方法""药肥残留抽检方案""纠偏措施"八项，该八个方面的控制活动尚需进一步加强。保障活动各指标均值也都在中度透明以上，除"外部需求传递"（M=3）外，其他指标均值都在3.4以上。透明结果指标评价均值都在3.4以上，表明H公司产品对企业外部利益相关者具有高水平的安全透明性。

在乳品物流环节，乳品质量安全控制活动有九项指标达到中度透明等级以上，有八项指标处于基本透明与中度透明等级之间，分别为：设备维护校准（M=2.9）、作业环境卫生（M=2.8）、进料控制（M=2.9）、微生物分析方法（M=2.5）、微生物抽检方案（M=2.6）、物理干预（M=2.5）、化学干预（M=2.6）、纠偏措施（M=2.7）。食品质量安全保障活动除"外部需求传递"（M=3）、"反馈信息利用"（M=3.1）和"记录适宜性"（M=3）三项指标在中度透明水平上，其余六项指标都处于基本透明水平。透明结果维度的三项指标的评价均值也都在基本透明与中度透明等级之间。

控制活动保障活动透明结果

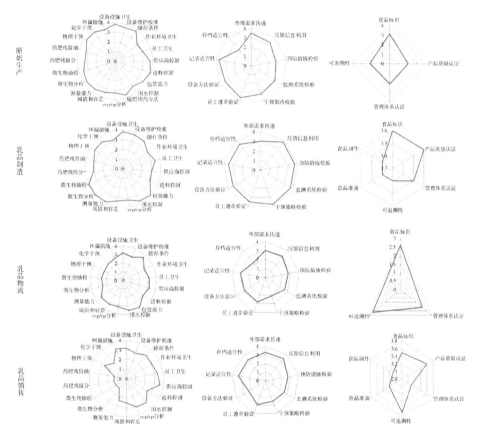

图7-2 乳制品供应链透明度评价结果

在乳品销售环节，乳品质量安全控制活动有八项指标达到中度透明等级以上，有六项指标处于基本透明与中度透明等级之间，有四项指标评价均值处于不透明等级，即"微生物分析方法"（M=1.2）、"微生物抽检方案"（M=1.3）、"药肥残留分析方法"（M=1.4）、"药肥残留抽检方案"（M=1.3）。调查中发现，卖场自身一般不具备食品生物性、化学性分析的技术能力，在乳制品的进货中主要靠审核供货商的证照合法性及供货商提供的质检报告。在乳品质量安全保障活动方面有四个指标评价均值在中度透明以上，但检验和验证方面的五个指标都在基本透明和中度透明之间，即"预防措施检验"（M=2.7）、"监测系统检验"（M=2.6）、"干预策略检验"（M=2.5）、"员工遵章验证"（M=2.9）、"设备方法验证"（M=2.3），这表明大买卖在食品安全风险防控的检验和验证工作方面有较大的改善空间。在透明结果维度，六个指标的评价均值都在中度透明以上，反映出终端消费者对大卖场在传递乳品质量安全信息方面有较高的评价。在实际调查中发现，乳品促销员一般都能应消费者要求，对包括 H 牌在内的乳品的过程信息和结果信息以及保存和食用方法提供较全面及科学的咨询，增进了消费者对该乳品安全透明性的认知。

7.3 结果讨论

从全供应链角度看，以 H 公司为核心的乳制品供应链不同环节、不同维度的透明度各有不同，表 7-1 为该供应链不同环节不同维度中评价等级达到"中度透明"等级的指标的分布状况。由表可见，乳品制造环节的透明度最高，控制活动、保障活动和透明结果三个维度的所有指标都达到中度透明等级。原奶生产环节的控制活动和保障活动透明度较高，但透明结果维度的相关指标表现不佳，四个指标只有一个指标达到中度透明水平，反映出来的原奶生产环节的产品质量认证和管理体系认证等级不高、原奶的可追溯性不强等问题值得关注。乳品销售环节透明结果维度的透明度高，全部指标都达到中等透明等级，乳品物流与乳品销售其他维度透明度不高，反映出乳品流通阶段质量安全管理有较大的改善空间。

在问卷调查过程中，被调查对象都认为本研究制定的食品供应链透明度评价体系的指标设置系统科学、评价尺度设置明确合理。本研究将评价结果反馈给相关企业质量安全管理人员，他们普遍认为乳制品供应链透明度评价结果的相关图表符合企业质量安全管理实际情况。

本研究仅仅以 H 公司乳制品供应链为实证对象，将来可扩大对象范围，例如可对各种肉制品、精品蔬菜供应链进行透明度评价，以检测根据本研究提出的评价工具得出的结果与实际情形吻合的程度，从而更好地确认评价工具的效度，以及进行可能的工具修正。

表 7-1　H 公司乳制品供应链中度透明以上指标分布表

	控制活动中度透明以上指标占比	保障活动中度透明以上指标占比	透明结果中度透明以上指标占比
原奶生产	19/20	7/9	1/4
乳品制造	20/20	9/9	6/6
乳品物流	9/18	3/9	0/3
乳品销售	8/18	4/9	6/6

第八章　技术驱动下的食品透明供应链发展前景

8.1 食品透明供应链发展的技术制约

食品透明供应链需要具有覆盖全供应链（网）的统一高效的食品追溯体系，对相关信息处理技术的依赖性强。受成本、标准等因素的影响，当前食品透明供应链建设受技术的制约较为明显，食品安全追溯信息的真实性、完整性不能满足需要。在现实情境中，食品追溯信息残缺不全、随意篡改的情况时有出现，消费者对食品安全追溯信息普遍缺乏信任。具体来说，食品透明供应链发展面临的技术制约主要体现在以下两个方面：

8.1.1 食品供应链主体之间难以实现信息共享

当前食品企业所采用的溯源系统主要通过纸笔记录、条形码、无线射频识别技术（RFID）和电子产品代码系统（EPC）等技术手段，将食品流动过程中相关信息收集起来。但食品质量安全信息的采集输入主要依赖供应链上的单个主体，供应链上的追溯信息管理平台采用的是中心化运作模式，各平台之间各自为政。由于标准不一致、内容不统一、管理不协同，食品供应链的追溯信息呈现"碎片化"特点，难以实现各主体间信息的充分共享和顺利流转。其结果是，食品供应链上产生的丰富信息不能产生其应有价值，造成供应链协同困难、追溯功能弱化。

8.1.2 食品质量安全信息准确性难以保证

在食品流动过程中，供应链上生产商、加工商、批发商、零售商等主体为了掩盖不安全真相、追求虚假合格、获取非法利益，对已有食品质量安全数据进行修改。食品从田间到餐桌的整个流动过程中，录入到信息平台的任何数据都有可能被某环节企业所修改，导致食品质量安全信息受到污染。食品质量安全信息的准确性得不到保证，供应链的透明性则无从谈起。

8.2 食品透明供应链发展的技术探索

8.2.1 大数据技术与食品透明供应发展

2017 年 12 月 8 日，习近平在中共中央政治局第二次集体学习时强调：大数据发展日新月异，我们应该……推动实施国家大数据战略，加快完善数字基础设施，推进数据资源整合和开放共享，保障数据安全，加快建设数字中国，更好服务我国经济社会发展和人民生活改善。① 开发利用大数据技术已成为国家战略。2015 年 6 月 17 日，李克强总理在国务院常务会议上提出："在环保、食品药品安全等重点领域引入大数据监管，主动查究违法违规行为。"② 大数据技术在食品供应链上的应用正在兴起，成为增加食品供应链透明度的重要驱动力量。

目前，学术界和实务界对"大数据"尚未形成统一定义。维基百科认为，大数据指一些使用现有数据库管理工具或传统数据处理方法很难处理的大型而复杂的数据集，包括数据的采集、管理、存储、搜索、共享、分析和可视化。大数据技术由于采用了新的信息处理模式使得信息管理者具有了更强的洞察力、决策力和流程优化能力。

8.2.1.1 大数据技术在食品透明供应链发展中的作用

1. 大数据为监控食品供应链中的食品质量安全提供有力支撑

食品供应链往往涉及众多的环节和主体，供应链条（网）上的食品在流动过程中会产生大量的质量安全信息。在传统的信息处理技术下，食品供应链中的质量安全信息极易出现残缺不全、对接阻滞、追踪和溯源困难等问题。例如在农产食品生产环节，对农产食品的质量安全管理，需要监

---

① 中共中央政治局 . 习近平：实施国家大数据战略加快建设数字中国［EB/OL］.http：//www. xinhuanet. com//politics/2017–12/09/c_1122084706.htm, 2017–12–09.

② 中华人民共和国国务院 . 李克强主持召开国务院常务会议［EB/OL］.http：//www.gov.cn/ guowuyuan/ 2015–06/17/content_2880858.htm, 2015–06–17.

控空气、水源、土壤、农药、化肥、操作等多方面因素。传统单一的、纸笔记录的数据难免会造成数据的失真和片面，而且产生的数据也很难进入后续的加工制造环节。在大数据时代，射频识别技术（RFID）、GPS、传感器等技术在食品供应链中广泛应用，将产生大量的食品质量安全数据。食品企业通过大数据收集、分析、挖掘、处理技术，为供应链中食品质量安全监控提供及时精确的信息，使得食品质量安全管理可以追踪和溯源，从而极大提升供应链的透明度。[106]

2. 大数据为食品透明供应链实现流程优化提供支撑

有效的食品供应链管理需要集成链上企业的所有活动及业务，包括需求预测、库存管理、资源配置、设备管理、渠道优化、生产作业计划、物料采购计划等。大数据技术运用其强大的信息收集和分析功能，能为食品供应链的流程优化提供信息支持与决策建议。在大数据技术支持下，食品供应链核心企业根据市场需求和产能情况编制生产计划，保证生产过程的匀速有序。通过大数据技术进行合理的运输管理和有效的道路运力资源管理，构建全程可视化、严格监控的配送中心间的货物调拨系统，正确选择和管理外包承运商和自有车队，提高企业业务风险管控力，改善企业运作和客户服务品质。

3. 大数据技术有利于增强食品供应链的市场反应能力和消费者食品安全感知

食品需求预测是整个食品供应链的源头，需求预测的灵敏与否直接关系到食品供应链核心企业库存策略、生产安排以及对终端客户的订单交付率，产品的缺货脱销与积压不动将给企业带来巨大损失。食品企业通过大数据技术可精准把握市场需求，由此从设计研发、生产制造、物流管理、市场营销等环节进行优化，更好满足客户价值主张。同时，消费者通过基于大数据技术的食品质量安全追溯系统可以全过程、全方位、透明地了解食品的质量安全状况，从而增强其食品安全信心。

8.2.1.2 大数据支撑下的食品透明供应链模式

大数据支撑下的食品供应链可解决传统食品供应链中存在的环节分

割、协作松散等问题，实现食品质量安全的快速追踪与溯源，极大提高食品供应链的透明度。大数据支撑下的食品供应链模式如图 8-1 所示。[107] 通过数据管理平台的支撑，农产食品生产者可通过环境传感器实时监测农产食品的生长环境状况，温度、湿度等数据能自动上传至数据管理平台；食品加工企业通过电子标签给食品配上具体的质量安全信息；流通企业通过GPS 定位系统和存储环境传感器，提供食品的位置与配送信息；销售企业可通过存储环境传感器和电子标签，记录食品的存储品质信息和销售交易信息。消费者可以登录数据管理平台，查询产品真假和质量安全信息，包括产品的生产日期、生产地点、配料、保质期等，消费者也可以将消费感受、评价上传至数据管理平台。基于数据的有效记录和快速共享，食品供应链核心企业通过查询消费者的感受或者评价等信息不断优化产品经营过程。在大数据支撑的食品供应链模式下，食品质量安全一旦出现问题，食品供应链核心企业可以通过追溯系统快速而准确地找出问题环节并实现责任追究，也可追踪问题食品去向并迅速召回，从而对保障食品质量安全起重大促进作用。

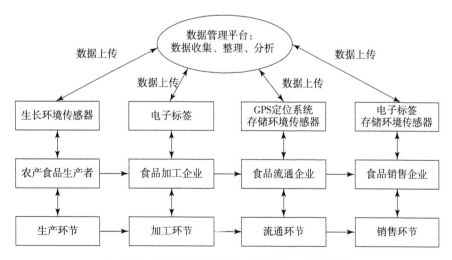

图 8-1　大数据支持下的食品透明供应链模式图

改编自：王浩，孔丹.大数据时代背景下食品供应链安全风险管理研究［J］.管理观察，2018（3）：100-102.

1. 生产环节

农产食品生产者为了追求经济利益，往往过度使用农药、兽药、化肥等生产资料。由于农产食品的质量安全受空气、土壤、水源等的影响，环境监测对保障食品安全至关重要。农产食品生产企业可以通过生长环境感应器收集农产品的生长环境数据来识别安全风险。

2. 加工环节

为了改善食品外观、延长保质期等目的，食品加工企业往往需要在加工过程中加入适量的添加剂，但超量或超范围使用食品添加剂，会引发食品质量安全问题。在加工过程中，要保证适宜的温度、湿度等加工条件。数据管理平台可以通过电子标签感应器，收集食品在加工处理过程中的数据，识别食品安全风险因素。

3. 流通环节

食品在流通环节中，其质量安全易受通风、温度及其他卫生条件的影响。由于食品的易腐性，加之流通环节冷链设备的缺乏，极易导致食品发生腐败变质问题。数据管理平台通过 GPS 定位系统和存储环境感应器收集相关的数据，从而监控流通环节中的食品安全风险因素。

4. 销售环节

食品在销售中一般要经历加工、分装及储存等过程，而销售中加工操作不规范、冷链不覆盖等也常常导致食品安全问题。另外，由于商家对食品销售的监督管理职责不明确、不到位，假冒伪劣、过期、变质食品在售的情况也时有发生。数据管理平台可以根据电子标签和存储环境感应器记录的数据识别在销售环节中的食品安全风险因素。

8.2.2 物联网技术与食品透明供应链发展

8.2.2.1 物联网技术的产生及特征

物联网的产生源于美国麻省理工学院发明的网络无线射频识别系统，是在互联网基础上，利用无线通信等技术建构的一个物品之间信息共享的网络。在物联网中应用比较广泛的无线通信技术是无线射频识别标签技术

（RFID）和无线传感器网络技术（WSN）。RFID系统的建立需要海量的阅读器以及附着在物品上的移动电子标签，移动电子标签中存储着目标物品的相关信息，通过互联网可以实现电子标签中物品信息的共享，物品之间无须人工干预就能彼此进行实时信息交互，从而可以实现对物品的管理。因此，物联网就是物品与物品之间相互连接的互联网，物联网是在互联网基础上拓展的网络，其用户端不仅有人与人的交互，而且延伸到了物品与物品之间的信息交换。物联网借助智能感知、自动识别及普适计算等技术，广泛应用于各个领域，其中也包括食品行业。

物联网使食品供应链的全过程管理产生革命性的改变，可大幅度降低管理成本并提高物流效率，真正实现物品的可追溯性，帮助供应链上下游企业完善供应链管理。

8.2.2.2 物联网技术在食品透明供应链中的应用

利用物联网技术，食品供应链核心企业能将食品生产、加工、流通和销售过程中的所有物品通过互联网及识别设备连接起来，实现智能、透明的实时管理。学术界和实务界对物联网在食品供应链中的应用进行了大量的探索，从技术上提出了不同的应用系统模式，这类系统一般由三个层次组成：

（1）采集层。以RFID阅读器等设备实时监控和跟踪食品生产和流通的全过程，进行数据的采集和编码。

（2）传输层。将数据通过网络传输到数据中心，实现信息共享。

（3）应用层。各种实际需求在物联网上的具体应用，包括企业、监管部门、消费者等对平台的访问。

赵震等（2015）提出了一个基于物联网的食品安全追溯平台模型（如图8-2所示）。[108]该平台是一个可应用于食品安全监管部门和食品供应链核心企业的食品安全追溯系统。该系统借助物联网技术，实现了农场、工厂、仓库、超市和消费者对食品相关信息的自动识别与共享，从而有利于提升食品供应链的透明度。

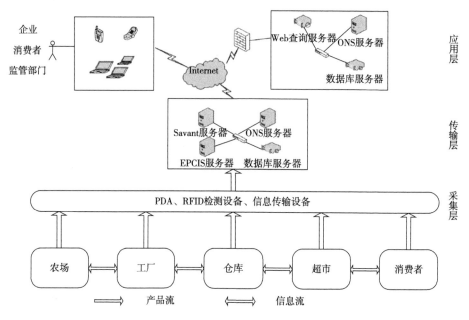

图 8-2　基于物联网的食品安全追溯平台模型

摘自：赵震，张龙昌，韩汝军. 基于物联网的食品安全追溯研究［J］. 计算机技术与发展, 2015, 25（12）：152-155.

8.2.3 区块链技术与食品透明供应链发展

8.2.3.1 区块链技术的产生及特征

区块链技术源于中本聪 2008 年在比特币论坛上发表的文章《比特币：一种点对点的电子现金系统》。中国区块链技术和产业发展论坛编写的《中国区块链技术和应用发展白皮书（2016）》对区块链的核心定义是：分布式数据存储、点对点传输、共识机制、加密算法等计算机技术的新型应用模式。①

区块链作为一项颠覆性技术，正在引领全球新一轮技术变革和产业变革，推动"信息互联网"向"价值互联网"变迁。[109]在区块链中，物品数据存储在一个个"区块（block）"中，每个区块能记录下它在被创建时期发生的所有价值交换活动。在每个区块中，有一个专门的字段记录前一个区

---

① 中国区块链技术和产业发展论坛. 中国区块链技术和应用发展白皮书（2016）［EB/OL］. http：//www.sohu.com/a/116680506_353595，2016-10-20.

块头部的哈希值，这样使得后一个区块能指向唯一的前一个区块。由此，前后区块顺序相连，形成了一条长链，最终形成一种区块链数据库。区块链网络本质上是一个 P2P（点对点）网络，每一个节点区块既接收信息也产生信息，每一笔交易都被时间戳打上了时间标记。区块链中的共识是在一群互不熟悉的参与者之间建立协议的过程，决定由哪个节点进行记账。通过区块指纹验证实现各个区块的链接，可以达到既不泄露各区块隐私数据，又能实现数据的真实传递和分享。区块链技术基于分布式记账方式，实现数据的分布式记录和分布式存储，保证数据不被篡改，形成去中心化的信息管理架构，保证各节点间的平等权利和义务。区块链的关键技术主要包括链式数据结构、非对称加密技术、共识机制和智能合约等。

8.2.3.2 区块链技术在食品透明供应链发展中的作用

1.利用区块链分布式信息存储，实现信息共享

传统食品供应链的信息存储采用的是中心化存储方式，这种方式不仅存储容量有限，还存在信息不能共享、易被篡改等风险，区块链利用分布式账本，能够很好地解决这一问题。分布式信息存储使供应链上各个区块产生相应的时间戳，所有网络成员都能够通过共享账本实时追踪到产品的信息，从而形成一条共享的区块链条。区块链上的各个节点生成食品的相关信息，如食品质量、供货时间、用户信息、销售记录、物流进程、仓库详情、购买结算等。在食品供应链中运用区块链技术，可保证供应链的各个节点获取到真实可靠的信息并进行共享，从而极大提高整个食品供应链的透明度。

2.利用区块链技术共识机制，防止食品供应链上的信息篡改

当前的食品追溯系统都是采用中心化结构，食品信息存储到中心化平台维护的数据库中，这样平台有可能根据请求意愿对数据进行人为变更或删除。利用区块链共识机制，食品供应链上各环节所发生的食品信息可被原封不动的存储在共享账本中，由于共识机制算法的约束条件，如果供应链成员企业需要更改信息，需要通过供应链上共享的公钥信息计算出这个链上 51% 以上成员的私钥才能进行操作，这样可以保证供应链食品信息难以被篡改，任何恶意欺骗行为都将被供应链中其余参与节点所排斥和压制。

8.2.3.3 区块链技术在食品透明供应链发展中的应用方案

目前区块链技术在食品供应链上的应用处于初始阶段，一些行业领导企业正和科研机构共同开发利用这一技术。

曾小青等（2018）选用超级账本 HyperLedger 下的 Sawtooth 区块链平台，构建了一个利用区块链技术的食品安全追溯原型系统（如图 8-3 所示）。[110] 该系统将食品生产、加工、流通、消费过程的信息写入区块链，实现全流程食品追溯，其具体流程及功能有：

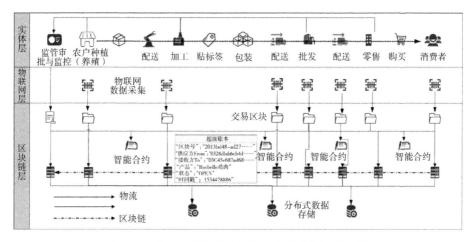

图 8-3　基于区块链技术的食品安全追溯原型系统

摘自：曾小青，彭越，王琪. 物联网加区块链的食品安全追溯系统研究［J］. 食品与机械，2018，34（09）：106-111.

1. 角色认证

食品供应链成员通过智能合约向供应链核心企业管理中心提交申请，通过审核后，管理中心向各成员颁发相应的数字证书并分配权限。

2. 数据标识

采用统一的数据编码标准，食品供应链成员为每件产品分配一个唯一的标识码，将物联网标签贴到产品上，标签上记录产品的产地、存储温度、保质期等参数信息。

3. 信息上链

农产食品生产商、食品加工制造商、食品物流商、检验检测机构、食品经销商等成员全部进入区块链，食品流转的全过程信息由各参与成员在区块链上登记记录，并分布保存于区块链各节点中。利用区块链技术的不可篡改性，可以保证食品质量安全信息的完整性和可追溯性。

4. 食品追溯

由于上传至区块链的每条信息都附有各参与主体的数字签名和写入时间戳，区块链的数据签名和加密技术能保证全链信息的稳定性及高效率交换。由此，消费者、食品企业、监管机构等食品供应链参与方可以向下追踪或往上追溯食品相关信息，从而保证食品供应链的透明性。

8.3 新技术驱动的食品透明供应链建设案例 ①

2018 年是区块链技术落地应用的元年，食品安全是区块链技术服务实体经济方面最有潜力的一个领域。食品流通日益全球化的今天，打造"从农田到餐桌"的全供应链食品追溯体系是我国成为食品安全大国的必然选择。而"区块链"是一项新兴的共享账本技术，最早被用于支持数字货币——比特币的可信交易。这两者相结合，会给零售业带来怎样的惊喜和发展？业内专家认为，运用区块链技术，可以在原料、种植、采摘、物流、销售等各环节，建立一个公众信任的商品真伪辨识系统，确保信息真实、完整，核对方便和不可篡改，进而优化产品供应链，构建一个高效可持续、值得信赖的食品安全追溯体系，实现让消费者买得安心，吃得放心的伟大使命。实际上，越来越多的知名食品企业，正在将区块链技术融入产业链中，以确保食品生产、运输和销售的安全。

8.3.1 国内案例

在国内，区块链于食品工业上的应用方兴未艾。2017 年，蚂蚁金服技术实验室将区块链技术应用在食品安全和正品溯源上。据蚂蚁金服介绍，产自澳洲、新西兰的 26 个品牌的奶粉（如雅培、爱他美、惠氏、贝拉米

---

① 本部分内容基于互联网有关报道整理而成。

等），每罐奶粉都有了自己的"身份证"，即溯源二维码。用户在天猫国际上购买并收到奶粉后，打开支付宝 App 扫一扫二维码，就能知道包括奶粉的产地、出厂日期、物流、检验等所有信息。与以往对商家自录入奶粉信息的查询相异，通过区块链的产品防伪查询可以实现永久溯源、难以篡改等目标，保障奶粉信息记录的真实准确，防止产品欺诈。蚂蚁金服区块链产品溯源应用第一个落地场景是海外奶粉品牌的追踪，未来的应用范围将会不断扩展。据悉，天猫国际在 2017 年 11 月宣布升级全球原产地溯源计划，该计划未来将覆盖全球 63 个国家和地区、3700 个品类、14500 个海外品牌，也将向全行业开放。此外，蚂蚁金服技术实验室还将区块链技术应用于茅台酒的追溯上，用户使用支付宝扫一扫茅台上的溯源二维码，可以检验产品是不是正品。

2018 年 5 月 24 日，美国龙品生命科学控股有限公司与阿里巴巴天下网商达成销售合作，运用区块链加密技术联手打造移动云端"蔬菜市场"。这项合作是龙品控股公司将区块链技术应用于其生鲜零售项目"365 健康工程"上的新尝试。"365 健康工程"是龙品控股公司为全国 50 个大中城市的居民打造的"10 元蔬菜计划"项目，消费者每天只需花上 10 元钱，一年四季均可享受绿色健康的有机蔬菜。龙品控股公司的"365 健康工程"，通过区块链技术的公钥标准，将蔬菜产品的生产、加工、仓储、运输、零售等整个供应链信息进行采集和处理。终端消费者通过私钥就可以解密全程的蔬菜信息，从而让消费者更放心食用。

8.3.2 国外案例

8.3.2.1 食品安全联盟

以往，由于食品公司未能对其产品流动拥有详细、完整的监控，质量安全堪忧的食品很容易进入供应链环节。而且许多公司仍在使用纸质文件记录数据，造成食品信息管理的困难。为解决食品信息的有效管理问题，2018 年 6 月 29 日，沃尔玛、雀巢和其他八家公司（包括联合利华、都乐食品公司、金州食品公司、味好美食品公司、克罗格公司、泰森食品，以及 Driscoll 公司和 McLane 公司）成立了一个食品安全联盟（Food Trust），旨在将区块链技术应用于食品供应链中，联盟采用了科技巨头 IBM 提供的技术开发平台。该平台系统能记录 100 万种产品的相关数据，如 Driscoll 草莓、雀巢罐装南瓜和泰森鸡大腿，且一共涉及约 50 种食品大类。联盟希望从区块链的运用中受益，以避免最近大肠杆菌污染生菜的类似危机再次发生。据美国疾病预防控制中心统计，上述危机已波及 35 个州，造成 197 人生病，其中 5 人死亡。经过了一年左右的测试，联盟现已决定正式推出这一技术。联盟希望借助区块链技术改善供应链管理、提高食品追溯能力。

8.3.2.2 沃尔玛、清华大学与 IBM 的合作项目

2016 年 9 月开始，沃尔玛与 IBM 公司以及中国的清华大学联合展开运用区块链技术进行食品追溯的科研项目，希望能为食品安全追溯带来新的技术突破。项目自开展以来不断取得突破：

● 2016 年 9 月，沃尔玛、清华大学与 IBM 三方讨论项目设计，确定在中国以猪肉、在美国以芒果作为试点对象。

● 2016 年 10 月，沃尔玛、清华大学与 IBM 三方签署合作协议，中美两地的试点项目正式启动。

● 2016 年 11 月，项目团队启动验证性测试方案设计。

● 2017 年 2 月，金锣集团正式进入验证性测试。

● 2017 年 4 月，猪肉试点验证性测试启动。

● 2017 年 5 月，猪肉试点验证性测试完成。

● 2017 年 6 月，宣布猪肉和芒果试点成果。

沃尔玛、清华大学与 IBM 三方团队尝试运用区块链技术解决两个问题。一是在食品安全系统的基本面建设和区块链技术的应用之间寻找一个平衡点，建立更透明的食品追溯体系。随着社会化生产的发展，食品体系变得越来越复杂。以猪肉供给为例，整个供应链大致经历生猪养殖——猪肉加工——猪肉仓储和配送——猪肉批发或零售商——猪肉消费等链环。按照传统的方式，每一个环节的猪肉信息都是通过纸质记录的，消费者如想追溯猪肉的原产地，通过查纸质记录可能需要花费几天时间，而通过区块链技术，几秒钟就可以得到答案。通过区块链技术获取的食品信息，不仅包括用于溯源的信息，还可以包括食品的生产时间、当时温度、食品安全

认证、有机生产等信息。区块链技术对建立更透明、更经济、更可持续的食品体系可发挥积极的作用。二是通过区块链技术为食品产业创造更多价值，使供应链上的每个环节都能受益，包括食品原材料提供者、生产者、零售商和消费者。真实准确的食品信息传递有助于食品产业的健康发展，由于信息不对称导致的食品欺诈行为已严重削弱了社会公众对食品质量安全的信心。区块链技术在食品产业的运用，可以有力地促进食品信息的透明和传递效率，使食品系统的参与者受益。

在三方联合推出的猪肉试点项目的供应商处理系统中，区块链技术在各环节得到运用并取得了显著的成效。1. 供应商员工将切好的猪肉放入盒中，并贴上标签。员工创建一个二维码并通过这个码将所有必要的产品细节上传到区块链。这样，任何一位授权用户都可以拿到可信信息，来确认运营中任何一个节点的操作细节。2. 供应商的发货员工向沃尔玛配送中心发货。发货员工输入卡车车牌号，扫描一个将被装车的托盘，从而创建运输记录，而后系统会显示出这批货将发往的配送中心和对应的采购订单。通过区块链技术，各个授权用户可以同时登录系统读取猪肉的配送信息。3. 任何一位经授权的食品安全管理人员都可以读取单据信息。食品安全管理人员可以快速地查找所有的猪肉单据信息，这些信息具有十足的可信度。经过各方努力，试点项目取得了显著的阶段性成果：

（1）验证了区块链技术的应用能追踪食品安全问题的源头，提高供应链的透明度。食品安全相关文件电子化后可被分享，猪肉产品可以追溯到位于原产地的试点农场，生产日期、批次等信息一目了然。

（2）验证了食品安全数字化存储平台的可靠性。授权用户能更新数据，更新后的数据也会在 5 分钟内向区块链的所有用户显示。

（3）实现了高效快速的食品召回。定位一批次的产品只需花费不到 10 秒钟，在半分钟内可以调出单个商品的相关文件。

（4）实现了全链条可追溯。使用商品信息数据进行搜索时，只需要几秒钟就能显示出产品从农场到目前流通环节的信息。因此，区块链技术极大地加快了产品溯源和产品召回的速度，降低了产品的质量风险和消费者感染食源性疾病的风险，提高了食品体系的透明度，有助于食品行业的可持续发展。

第九章　我国食品透明供应链建设：问题与政策支持

9.1 我国食品透明供应链建设的成就及问题

9.1.1 我国食品透明供应链建设的成就

食品透明供应链建设是多种因素共同作用的过程，以下从法律体系、食品安全标准、科技支撑体系和供应链治理结构四个方面梳理我国食品透明供应链建设成就。

9.1.1.1 法律体系的发展

改革开放前，我国食品安全的概念主要集中于数量安全。改革开放后，我国经济体制由计划经济逐步过渡到社会主义市场经济，大量的个体经济和私营经济进入食品行业，食品生产经营主体日益多元化，在经济利益驱使下食品生产经营行为日益复杂化。随之而来的是，食品不安全因素和机会增多，食品安全事件呈上升态势，全社会要求改善食品卫生环境的呼声日益高涨。1982 年 11 月 19 日全国人大常委会通过了《中华人民共和国食品卫生法（试行）》，并于 1983 年 7 月 1 日正式实施。该部法律对食品企业的食品卫生管理提出了明确的要求，内容包括：提出了食品容器、包装材料和食品用工具、设备的卫生要求；实行食品卫生标准制度；列出了禁止生产经营的不卫生食品的种类等等。1995 年该法经全国人大常委会修订后由试行法调整为正式法律，对规范食品企业的卫生管理过程、预防食品污染和食品中毒事件发生起到重大作用。

《食品卫生法》主要规范食品生产、加工、流通和消费环节的食品卫生安全活动，没有规范初级农产品种植、养殖、捕捞、采集等环节的安全管理活动。2006 年 4 月 29 日全国人大常委会通过并于 2006 年 11 月 1 日实施《农产品质量安全法》，该法内容包括加强农产品产地管理、规范农产品生产过程、规范农产品的包装和标识、完善农产品质量安全监督检查制度等。这部法律对加强食品安全的源头管理，促进初级农产品生产环节的安全透明管理具有重大意义。

2008 年我国出现三聚氰胺事件，充分暴露了我国在食品安全监管模式、食品安全标准、食品安全风险交流、企业及和行业自律方面的弊病，对食品安全进行更严格的全过程和系统的规范和治理成为时代所需。2009 年 6 月 1 日《中华人民共和国食品安全法》（以下简称《食品安全法》）正式实施，标志着我国初步建立较为系统和完善的食品安全法律体系。这部法律对我国食品透明供应链建设的影响主要体现在以下方面：（1）强化了政府监管效能。在明确分段监管各部门具体职责的基础上，国务院及地方政府设立食品安全委员会，协调、指导食品安全监管工作，建立"从农田到餐桌"的全过程监管。（2）规范了食品安全标准制定。由国家卫生部会同有关部门统一制定食品安全国家标准。（3）落实食品生产经营者食品安全第一责任人的责任。《食品安全法》及其实施条例规定，食品生产企业应建立执行原料验收、生产过程安全管理、设备管理、检验、运输交付等食品安全管理制度；应如实记录食品生产过程的安全管理情况，记录的保存期不得少于 2 年。食品销售企业要落实销售记录制度，做到问题食品可追溯，记录及相关票据的保存期不得少于 2 年。餐饮服务企业应制定并实施原料采购安全管理制度，应定期清洗并维护食品加工、冷藏等设施设备。（4）严格了事故报告制度。发生食品安全事故的单位应自事故发生之时起 2 小时内向所在地县级人民政府民事行政部门报告。

《食品安全法》在 2015 年又由中华人民共和国第十二届全国人民代表大会常务委员会第十四次会议修订通过，自 2015 年 10 月 1 日起施行。以《食品安全法》为核心，中央各部门及地方政府也出台了一系列法规和规章。如 2009 年 10 月 22 日修订并颁布了《食品标识管理规定》，对生产（含分装）、销售食品的标识标注和管理进行了重新规定，促进了食品质量安全信息标识的规范与透明。2012 年 6 月 11 日，卫生部等 8 部门制定实施《食品安全国家标准"十二五"规划》，确立清理整合现有食品标准、加快制定修订食品安全国家标准等主要目标。提出在 2015 年底前，制定公布食品、食品添加剂生产企业卫生规范、经营企业卫生规范、保健食品良好生产规范等 20 余项食品安全国家标准，基本形成食品生产经营全过程的食品安全控制标准体系。提出在 2015 年底前，制定、修订肉类、酒类、植物油、调味品等主要大类食品产品安全标准。食品安全国家标准的统一和完善将为食品透明供应链的过程控制和结果控制提供明确的标准依据。

由上可见，我国食品安全法律体系的演进对我国食品透明供应链建设的推动作用主要体现在：（1）立法理念的变化为食品透明供应链建设提供了法律基础。《食品安全法》出台前，我国食品安全法律偏重食品卫生管理，即注重对食品生产经营过程中条件和措施的规范。而《食品安全法》体现的是食品安全管理的立法理念，即注重食品供应链全过程的过程安全与结果安全的有机统一。立法理念的变化，使食品安全管理置于一个更完整和科学的体系下，为食品透明供应链建设提供了一个完整的法律框架。（2）注重食品安全多元治理的思想为食品透明供应链建设提供了现实动力。相关法律强调加强政府监管与落实企业主体责任相结合，注重发挥群众监督和舆论监督的作用，此立法思想推动了社会各方广泛参与的食品安全工作格局的逐步形成，为食品透明供应链建设提供了多元主体协同行为的动力来源。（3）落实食品生产经营者的主体责任，为食品透明供应链的运营提供了明确依据。我国食品安全法律体系不断强化食品生产经营者的主体责任，规定食品生产经营者应建立覆盖全程的质量安全管理体系，不断改善食品安全保障条件，严格落实食品安全事件报告制度，诚实地向社会披露本企业食品安全信息，积极建设食品安全追溯体系等等。这些规定为食品透明供应链建设提供了行为指南，规范了生产经营者食品生产经营活动中必须履行的法律义务。

9.1.1.2 食品安全标准的完善

我国食品安全标准的交叉、重复、矛盾、"超期服役"等问题，长期困扰着食品产业的发展。2009 年《食品安全法》公布施行后，我国食品安全标准工作力度逐步加大。2009 年 2 月，国务院办公厅印发《食品安全整顿工作方案》，要求用两年左右时间依法整合、修订完善相关食品安全标准。我国重点对粮食、植物油、肉制品、乳与乳制品、酒类、调味品、饮料等食品标准进行清理整合，废止和调整了一批指标和标准。自 2009 年以来，卫生行政部门公布了 269 项新的食品安全国家标准，主要内容见表 9-1。

表 9-1 2009 年以来新的食品安全国家标准（部分）

标准名称	基本内容	作用
生乳（GB19301-2010）	66 项新乳品安全国家标准，其中产品标准 15 项，检验方法标准 49 项，生产规范 2 项。	提高了乳品国家标准的科学性，形成了统一的乳品安全国家标准体系。
GB2760-2011 食品安全国家标准食品添加剂使用标准	增加了部分食品添加剂，调整了部分食品添加剂使用规定，改变了添加剂添加原则等。	重点解决了食品添加剂国家标准缺失、重复和矛盾问题。
食品安全国家标准复配食品添加剂通则（GB26687-2011）	明确了复配食品添加剂定义，规定了复配食品添加剂的命名原则、使用要求及标示规范。	为复配食品添加剂的发展提供了统一的依据和规范化管理标准。
GB2761-2011 食品安全国家标准食品中真菌毒素限量	规定了 6 种真菌毒素在不同类别食品中的限量指标。	大大增加了我国食品中真菌毒素限量标准的科学性及实用性。
GB7718-2011 预包装食品标签通则	更新了预包装食品标签的适用范围、产品定义、基本要求和标示方式。	增强了预包装食品标签的科学性和可操作性，提升了消费者获取食品信息的便捷性与准确性，提高了食品安全监督检验的合法性与规范性。
GB28050-2011 预包装食品营养标签通则	简化了营养成分分类与标签格式，明确了相关强制性标示要求，简化了允许误差，适当调整了营养声称规定，调整了营养成分功能声称。	有利于消费者直观了解食品营养组分与特征，指导公众科学选择膳食，规范企业营养标签标示。
GB28260-2011 食品中阿维菌素等 85 种农药最大残留限量	规定了食品中 85 种农药 181 项最大残留限量。	促进农产品生产者遵守良好农业规范、控制不必要的农药使用、保护生态环境。

2009 年以来国家卫生部会同有关部门对我国食品安全标准的清理整合、修订制定工作，为实施"从农田到餐桌"的全供应链管理提供了标准依据，有利于规范食品透明供应链各阶段、各环节、各操作单元的过程及结果。

9.1.1.3 科技支撑体系的建设

科技支撑体系指食品透明供应链在食品质量安全预防、保障和标示过程中所运用的科学依据和技术手段。

由于食品供应链的延长、生产加工技术的创新，现代的食品质量安全已不能通过简单的感官行为来鉴别，食品企业须借助先进的检验检测技术来实现。农兽药残留是威胁食品原材料安全的重要因素，我国对农兽药残留检测技术的研制起步较晚，与国外有较大的差距，但也取得了不少新的进展。如农业部农药检定所开发出适合我国特点的蔬菜农药残留快速检测仪，可有效检测蔬菜中有机磷和氨基甲酸酯类农药的残留（相关内容可参考吴林海《中国食品安全发展报告2018》）。我国在微生物检测技术方面也有长足的进步，企业微生物检测试剂采用的方法主要有金标法、酶联免疫定量法等。我国在食品添加剂检测方面也取得了较大的进步。如目前食品工业中广泛采用火焰离子检测器（FID）与电子俘获检测器（ECD）联用、FID与火焰光度检测器（FPD）联用等，对食品中的多种添加剂进行测定分析。军事医学科学院某课题组研发了一种以纳米金作为探针的简便、快速、可视化检测技术，用于检测各种奶制品中三聚氰胺。该法从样品预处理到检出结果只需10分钟左右，为现场快速筛查和检测液体奶、婴儿配方奶粉及其他奶制品中的三聚氰胺提供了简便、准确、可行的新检测方法。[111]

食品安全溯源系统是借助现代数据库管理技术、网络技术和条码技术，将整个食品链（包括生产、加工、包装、流通等所有环节）的食品信息进行记录和存储的系统，通过溯源查询可掌握食品的来源和流向。食品安全溯源系统是保障食品透明供应链有效运行的重要技术支撑。借鉴国际成功经验，我国于2002年开始食品安全溯源系统的建设工作。2004年国家质检总局出台《出境水产品追溯规程（试行）》，要求出品水产品及其原料必须按照规定进行标识。2005年9月北京市顺义区启动蔬菜分级包装和质量可溯源制，消费者如发现所购蔬菜存在质量问题，可登录市农业局网站，通过包装箱上的条形码，直接溯源到配送企业及生产者。目前一些地区和部门建成了比较完善的食品安全溯源信息系统和网络交换平台，比较有影响的有5个[112]：上海食用农副产品质量安全信息查询系统、北京市农业局食用食品（蔬菜）质量安全追溯系统、国家蔬菜质量安全追溯体系、中国肉牛全程质量安全追溯管理系统、世纪三农食品安全溯源管理系统。2008年，为保障奥运食品的安全，我国建立了北京奥运食品可追溯系统，对所有奥运食品统一编码加贴电子标签，综合运用 RFID、GPS、温度湿度自动记录与控制、加密通信等技术，对奥运食品的生产、加工、运输、储存等环节全程追踪和记录，实施从食品生产基地到加工企业、物流配送中心直至最终消费地的全程监控，实现了奥运食品的可追溯。

计算机信息技术作为一种基础性的技术条件，可协助食品企业进行食品安全质量控制、记录保存、信息整合等多方面工作，是食品企业信息化建设的重要内容。应用计算机信息技术进行食品质量安全管理，已是发达国家食品企业的普遍做法。我国一些信息化程度较高的食品龙头企业采用质量 ERP 系统、实验室信息管理系统、HACCP 自动控制软件等信息技术，建立食品供应链各个环节信息的标识、采集、传递和关联管理，实现了信息的整合和共享，从而极大推进了食品透明供应链的建设。GB12693- 2010《乳制品企业良好生产规范》和 GB23790-2010《粉状婴幼儿配方食品良好生产规范》基于 HACCP 原理，引入计算机信息技术对生产过程关键控制点进行监控和记录，鼓励企业应用计算机信息技术对原料采购与验收、原料贮存与使用、生产加工关键控制环节、产品出厂检验、产品贮存与运输、销售等各环节与食品安全相关的数据采集和记录保管进行管理，建立产品的追溯与召回体系。

农产品质量安全很大程度上依赖产地的自然环境，即产地的空气、水、土壤等自然条件。为从源头上控制农产食品的质量安全，必须采用相应的产地环境控制技术，包括产地环境监测技术、快速检测技术等。一些地区和企业采用较先进的仪器进行产地环境监测，如原子吸收光谱仪（AAS）、气相色谱仪（GC）、极谱仪（POLAR）等。我国自主开发的 AFS 技术能对重金属含量进行灵敏检测，有广泛的市场运用。根据酶抑制法生产的各种速测卡、快速检测仪，目前在我国各地的种植、养殖基地大量采用。

9.1.1.4 供应链治理结构的优化

长期以来，我国食品产业以"小散乱"为基本特征。20 世纪 90 年代中后期以来，随着食品产业的迅速成长，食品产业组织形式在发生深刻的变化，逐步向规模化、集约化、标准化、一体化方向发展。食用农产品供应链组织化程度不断提高，到 2017 月底，在工商部门登记的农民专业合作社达到 193.3 万家，是 2007 年底的 74 倍，年均增长 60%；实有入社农户超过 1 亿户，约占全国农户总数的 46.8%；在专业合作的基础上，农民群众探索出股份合作、信用合作、合作社再联合等多种形式和业态。到 2016 年底，有 17 万家合作社实施标准化生产、注册产品商标，4.3 万家合作社通过"三品一标"农产品质量认证。4 万多家合作社创办加工实体、开展"农社对接""农校对接"，有的还进行直销配送、会员制消费。① 同时，21 世纪以来，我国土地承包经营权流转速度加快，促进了专业大户、家庭农场和专业合作社的发展。在食品工业领域，集团化、大型化、现代化的现代食品工业组织形式有所发展。一些食品企业采取产业一体化经营模式，集基地原料生产、工厂加工制造、食品研发设计、食品流通等环节于一体，使食品供应链上下游形成紧密型治理结构，通过工业化、信息化手段保障食品质量安全。

食品透明供应链建设必须以紧密型供应链治理结构为基础，随着我国食品产业组织形式不断向规模化、集约化、标准化、一体化方向发展，食品透明供应链建设将获得更好的组织和制度保障。

9.1.2 我国食品透明供应链建设存在的问题

虽然我国在食品透明供应链建设方面取得了显著的进步，但技术壁垒低、集中度低、厂商数量多且规模小、生产过程信息不对称仍然是我国食品供应链的基本特点，食品透明供应链的建设任重而道远。

在农产食品生产阶段，我国农民专业合作社的发展促进了食品透明供应链的建设，根据相关数据，截至 2018 年 9 月，我国依法登记的农民专业合作社达 213.8 万家，入社农户占全国农户总数的 48.5%。但在这些农民专业合作社中，有很多在登记后并没有开展业务或活动，没有实质的项目运转，有些甚至连办公地点都没有。少数地区的政府部门为了追求亮眼的合作社数量，完成任务指标，默许这种行为的发生，阻碍了农民专业合作社作用的发挥。我国农民专业合作社普遍规模较小、组织结构较为松散、凝

---

① 叶贞琴. 在农民合作社发展论坛上的讲话［EB/OL］.http：//www.zgnmhzs.cn/zcdt/ldjh /201709/ t20170922_5823309.htm，2017-09-22.

聚力不强，名义上是合作社，实际上还是农民的"单打独斗"。[113]而小规模、分散化的农业生产和经营方式，是产生农业生产环节的食品不安全行为、农产品产地环境严重污染的根本原因，影响食用农产品的质量安全，从而影响整个食品供应链的质量安全。可以认为，我国食品透明供应链建设的基础脆弱，源头风险较大。

在食品生产加工领域，到 2016 年，我国规模以上食品工业企业数量42144 家，资产总额 76393.03 亿元，平均用工人数 812.6 万人，分别占全国工业的 7.0%、11.1% 和 8.6%。但同时，食品工业兼并重组力度尚且不足，大中型企业数量偏少，市场竞争结构离散，集约化进程缓慢。全国 1180 万家获得许可证的食品生产经营企业中，绝大部分在 10 人以下，小、微型企业和小作坊仍然占全行业的 90% 以上，"小、弱、散"格局没有得到根本改变。由于实力不足，绝大多数食品加工企业缺乏配套的原料生产基地，缺乏必要的仓储和物流设施，有相当部分食品生产企业工艺设备技术落后，缺乏检测设备，管理水平较低，质量安全意识不足，自律意识不强，缺乏保证食品安全的必要条件。①

根据本研究在食品透明供应链驱动力模型以及实证过程中收集的资料，本研究认为我国食品透明供应链建设存在的主要问题有：

9.1.2.1 消费者对安全透明食品的支付意愿有待提高，消费者参与食品安全监督的作用有待发挥

消费者对安全透明食品（例如可追溯食品、HACCP 认证企业食品、有机食品）的支付意愿直接影响到食品透明供应链的市场价值实现，是食品企业对建设食品透明供应链效用感知的主要影响因素。虽然消费者对安全透明食品的支付意愿受消费者个人统计特征的影响，但从总体上看，消费者对安全透明食品的支付意愿不高。产生这种结果的一个很重要的原因是消费者对安全透明食品的认知不够。在调查中发现，消费者对诸如 HACCP 认证、有机食品、可追溯食品等概念大多知之不多，购买中主要关注产品的品牌、价格、保质期等信息。

---

① 中国食品工业协会 . 中国食品产业发展报告（2012—2017）[EB/OL] .https：//www.sohu.com/a/213329434_99927860，2017-12-27.

消费者是食品安全最切身的体验者和敏锐的察觉者，要保障食品安全，不仅要靠企业的诚信自律和政府的监管，还应充分发挥消费者的监督作用。但与食品企业、政府监管部门等主体相比，消费者往往缺乏食品安全相关信息以及监督食品安全的渠道和机制。目前消费者以诉讼方式解决问题食品仍然存在较多障碍，他们在质量鉴定、举证、确定管辖等方面缺乏足够的信息和知识，诉讼成本高昂，经常限于"两难"境地，维护自身合法权益"有心无力"。

9.1.2.2 食品质量安全第三方认证的有效性有待提升

由第三方向食品购买方提供客观公正的信息，是食品质量安全认证的核心理念和基本要求。我国认证认可工作发展迅速，但也存在一些问题：一是部分检验认证机构存在重"利"轻"责"。部分检验检测认证机构为争夺市场份额，以盈利为目的，恶性竞争。更有甚者，一些认证机构在经济利益的驱使下，以加快认证速度、降低认证要求作为吸引客户、扩大市场份额的手段，从而造成认证结果缺乏信任度以及认证市场的混乱。二是仍存在重"准入"轻"监管"现象。国家虽出台相关的法律法规、执行标准，但对检验检测认证机构的监管缺失，执行力不强。[114]一些食品安全认证机构往往把主要精力集中于前期的考察与标志审批上，而疏于后期的质量跟踪、监测、标志使用等后续管理，这也必然会影响认证结果的有效性。三是目前我国多数食品安全认证机构虽然形式上独立，但与其主管机关在人员、财务、业务等方面仍然保持密切联系。食品安全认证机构往往带有较强的行政色彩，这对认证的独立性和客观性必然产生负面影响。食品质量安全认证如缺乏公信力，食品市场的正常秩序将无从建立，"柠檬市场"就会出现，食品企业建设食品透明供应链便缺乏激励因素。

9.1.2.3 我国食品质量安全标准体系尚不完善，与食品安全国际标准接轨程度低

《食品安全法》实施以来，我国食品安全标准体系建设有了长足的进步，但现行食品安全标准还存在一些突出的问题。标准间既有交叉重复、又有空白脱节，标准间的衔接协调程度不高。一些重要标准缺失，无法规

范行业和企业行为，如部分配套检测方法、食品包装材料等标准缺失。标准的科学性和合理性也有待提高，部分标准欠缺风险评估依据，不能适应行业发展需要。

在标准的采用上，我国优先采用的是国家标准。在食品供应链分布日益全球化的今天，采用国际标准是时势要求。一般用"采标率"表示一国采用国际标准的程度，该指标表示的是采用欧盟、美国、日本、国际食品法典委员会以及其他国际标准等先进法规标准的比率，它是衡量各国国家标准总体水平的一项重要指标。到 2017 年 10 月，我国食品行业对国际标准的采标率仅为 16.12%。[115] 早在 20 世纪 80 年代初，英、法、德等国家采用国际标准已达 80%，日本国家标准有 90% 以上采用国际标准，发达国家目前采用国际标准的面更广，某些标准甚至高于现行的 CAC 标准水平。[116] 我国食品质量安全标准与国际标准的差异巨大，不利于我国食品出口突破国外的技术性贸易壁垒，也不利于提高我国的食品质量安全水平。《食品安全标准与监测评估"十三五"规划》要求：加强国际食品安全标准交流，开展我国标准与国际标准对比研究，加快研究转化适合我国国情的国际标准。做好食品添加剂、农药残留法典委员会主持国工作，牵头或参与制定国际标准，提高我国在国际食品安全标准制定中的话语权。吸纳国际知名专家参与编制食品安全国家标准，增强我国标准的国际公信力。① 除应合理设置食品产品安全标准外，我国应积极借鉴国际标准中有关食品生产经营过程的标准体系，强化原料、生产过程、运输和贮存、卫生管理等方面的规范要求，形成食品生产经营全过程的食品安全控制标准体系，可为食品透明供应链建设提供明确的过程或体系标准。

9.1.2.4 国产装备在卫生保障性、成套性、可靠性和安全性等方面仍有较大提升的空间，一些关键环节的生产装备、食品品质在线监测以及分析与检测仪器等还依赖进口

为保证食品质量安全，现代食品产业通过工业化与信息化的深度融合，不断提高食品生产经营过程的自动化、信息化、准确性与可靠性。

---

① 国家卫生计生委 . 食品安全标准与监测评估"十三五"规划（2016–2020 年）［EB/OL］.http：//www. nhc.gov.cn/sps/s7885/201611/8c904a4efdb44bbca8d10d8d55f28a53.shtml，2016–11–09.

《"十三五"食品科技创新专项规划》①指出，我国在食品科技装备方面存在的突出问题有：一是机械装备更新换代迫切需要自主研发。我国食品机械装备制造技术创新能力明显不足，国产设备的智能化、规模化和连续化能力相对较低，成套装备长期依赖高价进口和维护，食品工程装备的设计水平、稳定可靠性及加工设备的质量等与发达国家相比存在较大差距。全面提升我国食品机械装备制造的整体技术水平，打破国外的技术垄断，实现食品机械装备的更新换代迫切需要提升自主研发能力。二是质量安全综合监控迫切需要技术保障。我国在食品原料生产和加工与物流的过程管控、市场监控、质量安全检测与品质识别鉴伪以及产品技术标准等方面尚存在明显不足，食品安全风险评估与预警以及食品"从农田到餐桌"全产业链监控与溯源等工作刚刚起步，进一步增强食品质量安全的全产业链综合监控能力迫切需要新技术保障。三是冷链物流品质保障迫切需要技术支撑。我国食品冷链物流产业环节多，物流过程产品品质劣变和腐败损耗严重，物流能耗偏高，标准化和可溯化程度低等问题突出。特别是面对"互联网+"等新业态下的技术研发滞后，智能控制技术与装备不完善，物流成本大幅度提高。全面推进食品物流产业向绿色低碳、安全高效、标准化、智能化和可溯化方向发展迫切需要新技术支持。依靠进口装备与技术虽也可提高食品生产经营过程的安全透明性，但却极大增加企业的运营成本和影响设备设施的使用维护，从而影响企业的采用意愿。因此，提高我国食品装备技术的自主创新能力和国产化率是支撑我国食品透明供应链建设的重要任务。

9.1.2.5 统一完善的食品安全追溯系统建设滞后

虽然我国一些地区和企业建立了食品安全追溯体系，但受法律、标准、技术等方面条件的制约，总体上我国食品安全追溯系统建设举步维艰、进展缓慢。已建成的追溯系统多是以个体企业为基础开发的内部追溯系统，未能延伸至供应链上下游企业，追溯深度有限。由于通用数据标准缺失、系统软件不兼容等问题，追溯系统各节点间存在数据结构和格式不

---

① 中华人民共和国科技部."十三五"食品科技创新专项规划［EB/OL］. http://www.most.gov.cn /mostinfo/xinxifenlei/fgzc/gfxwj/gfxwj2017/201706/t20170602_133347.htm，2017–05–24

一致，造成追溯信息不能有效共享和交换。食品追溯终端的匮乏和服务模式的低效，也影响到追溯系统的推广。建立国家、省、市、县、企业、消费者多级共享、互联互通的可追溯网络，在我国仍有很长的路要走。

9.1.2.6 食品企业成长面临人才与管理瓶颈问题，企业食品安全内控环境及风险防控能力不足

现代食品产业的规模化、集约化、集团化需要以现代化的食品产业从业人员为人力资源基础。受各种因素的影响，我国食品产业的从业人员素质有待提高。彭兰英（2016）在福建省光泽县各类餐饮行业中随机抽取 1000 名从业人员进行问卷调查，结果表明餐饮从业人员对部分食品卫生知识及绝大部分营养知识的掌握较为欠缺，在食品卫生知识方面，调查对象较不能正确回答"食品的基本卫生要求""加工经营场所的要求"；在营养知识方面，调查对象正确回答率均较低，最高只有 72.73%，最低为 39.39%。[117] 金伟等（2014）采用分层整群抽样法抽取上海市七宝地区餐饮业 477 名在岗从业人员进行健康素养状况的问卷调查，结果表明：七宝地区餐饮从业人员的基本医疗素养和慢性病素养具备比例比较低，餐饮从业人员的食品安全知识总体掌握状况仅为 65.6%。[118] 徐开新、高健（2008）通过对现代食品产业的特征分析指出，现代食品产业需要的不仅仅是食品工程技术类的人才，更迫切需要食品经营管理人才，尤其是需要既掌握食品科学技术知识又具有经营管理技能的复合型经营管理人才。[119] 由于我国高等院校对食品工程技术人才和管理人才的培养是截然分开的，导致食品企业中"农""工""商"一体化的人才比较稀缺。受人才与管理的双重约束，我国食品企业在食品安全内控环境和风险防控能力建设方面基础与条件薄弱，表现为食品安全战略规划、制度文化、流程规范、组织治理、风险交流等方面的缺失、松散与低效，从而影响食品供应链透明度的提升。

9.2 食品透明供应链政策支撑体系设计

食品透明供应链建设主要依靠食品供应链核心企业的组织、协调与控

制作用的发挥，同时也需要政府部门、行业组织、科研机构、新闻媒体、消费者等主体的良性驱动。在我国现有制度背景下，政府部门在促进食品透明供应链建设上起着主导作用，进行科学合理的政策支撑体系设计对食品透明供应链建设意义重大。

9.2.1 政策目标选择

目标是政策制定的前提，也是政策分析的目的。食品透明供应链建设根本上是食品供应链企业的一种微观行为，只有明确企业层面食品透明供应链建设的主要内容和主要问题，才能找到政府支撑政策制定的具体目标，从而选准政策支撑的着力点。

表 9-2 概括了食品透明供应链政策支撑的选择依据与目标定位。根据前述的理论与实证研究结果，食品透明供应链建设主要涉及四个方面的主要内容，即供应链食品安全标准体系、核心企业整合下的紧密型供应链治理结构、食品安全科技支撑和食品安全管理。针对供应链食品安全标准体系构建方面企业面临的主要问题，政府政策支撑的目标应定位于完善食品安全法律法规；加快清理、制修订相关标准；强化认证认可监管、增强第三方认证有效性；发挥消费者监督作用，提高消费者对安全透明食品的支付意愿。食品产业组织存在的"小散乱"格局阻碍了食品供应链治理结构的优化发展，对此的政府政策支撑目标应定位于促进食用农产品种养、食品生产、食品流通环节产业集中度提高。食品透明供应链需要食品安全科技的强力支撑，针对我国关键食品装备依赖进口、食品品质在线监测以及分析与检测仪器对外依存度高、食品产业工业化和信息化水平偏低、追溯系统零散发展的现实问题，政府应大力扶持食品科技创新、促进食品产业工业化与信息化深度融合发展、构建统一规范的食品安全追溯体系。食品安全管理创新是食品透明供应链建设的重要基础，食品企业的食品安全管理创新普遍受人力资源与管理水平的瓶颈约束，供应链食品安全风险防控能力不强。由此，政府应创新食品从业人员培养与开发模式、推行先进的食品安全管理体系。

表9-2　食品透明供应链支撑政策目标选择

主要内容	主要问题	政策目标
供应链食品安全标准	标准缺失、交叉矛盾、第三方认证有效性不强	食品安全法律、标准制定、认证认可、消费者支付意愿
核心企业整合下的紧密型供应链治理结构	食品生产经营者的"小散低"格局	食用农产品种养、食品生产、食品流通环节产业集中度
食品安全科技支撑	关键食品装备依赖进口、食品品质在线监测以及分析与检测仪器对外依存度高、食品产业工业化和信息化水平偏低、追溯系统零散发展	食品科技创新、工业化与信息化深度融合发展、食品安全追溯体系
食品安全管理	人才与管理瓶颈、供应链食品安全风险防控能力不强	人才培养与开发、推行先进食品安全管理体系

9.2.2 政策支撑体系的设计原则

9.3.2.1 政府主导下的多元参与原则

保障食品安全是各级政府的重要职责，食品透明供应链建设需要政府充分利用其行政资源，在法律法规、安全标准、公共技术平台、产业政策、宣传教育等方面发挥规范引导作用，为食品透明供应链建设营造良好的政策环境。同时，政府部门还应充分发挥食品供应链龙头企业的示范引领作用，为消费者、行业协会、新闻媒体、科研机构等多元主体参与食品安全监督提供制度保障，激励教育科研机构为食品透明供应链建设提供更好的人才与科技支撑，鼓励各种经济合作组织在促进规模化、标准化、现代化生产经营中发挥组织、协调、控制作用。

9.3.2.2 激励约束结合原则

食品透明供应链建设需要企业投入大量的人力、物力、财力、管理、技术成本，政府部门应通过财税政策、认证认可、宣传教育等方式，对食品企业建设食品透明供应链的行为进行激励，从而强化其行为动机，激发其生产经营安全透明食品的积极性。同时，通过行政命令、法律制裁、执法监督、社会监督等方式约束食品企业的食品不安全行为。借助激励与约束的有机结合，政府部门可使食品透明供应链建设步入良性循环过程，不断提高市场食品的安全透明水平。

9.3.2.3 系统支撑原则

食品透明供应链建设良好的外部环境应是多种政策支撑措施耦合作用的结果。如表9-1所示，食品透明供应链建设涉及不同的内容维度，存在不同的问题和障碍，因而政府部门的政策支撑应具有多样的政策目标，采取不同的政策措施。此外，不同的政策支撑措施间又是相互联系的，如建立统一规范、多级互联互通的食品安全追溯平台是促进我国食品透明供应链建设的一项基础性工程，但这一工程又涉及法律法规、安全标准、认证认可、食品科技、财税政策等诸多的政策措施。只有从系统的角度进行设计与执行，才能使各种政策措施各有针对同时又能彼此协同。

9.3.2.4 循序渐进原则

食品透明供应链建设是解决食品安全问题的根本途径，高度透明的食品供应链的建成建立在食品企业工业化、信息化和管理现代化深度融合的基础上，同时需要健全的法律标准体系、优良的市场经济秩序、高水平的消费文化等外部环境的配套。由于受社会经济发展水平、法律体系、技术支撑等各方面因素的制约，食品透明供应链建设将是一个长期的过程，从总体上看食品供应链透明度也是一个不断提升的过程。为此，政府部门对食品透明供应链建设的政策支撑，在政策目标设置和政策措施安排上必须针对客观现实，立足眼前，着眼长远，循序渐进地推进。

9.2.3 政策工具的选择

政策工具，又称为治理工具、政府工具，是政府部门达成政策目标、解决政策问题的途径和手段。政策工具有不同的类型，以"资源"作为政策工具的分类标准，可将政策工具分为管制性政策工具、经济性政策工具、信息性政策工具、动员性政策工具、市场化政策工具五种。[120]管制性政策工具以国家威权资源为基础，包括直接提供、法律法规、制裁等具体工具。经济性政策工具以经济诱导为主，包括补助、征税、贷款、拨款、奖励等。信息性政策工具以信息沟通为主，包括教育、培育、广告、宣传传等手段。动员性政策工具以组织机构为主，包括对公私部门、志愿者组织、家庭、社区等的组织与发动。市场化政策工具以制度化资源为主，包括许可证颁发、合同承包、产权拍卖等。

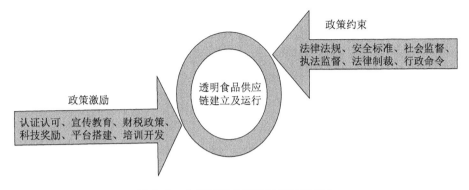

图 9-1　食品透明供应链政策工具组合

科学合理的政策工具选择有助于提高政策目标实现的效率和效果。鉴于食品透明供应链政策支撑目标的系统复杂性，其政策工具的选择应合理综合运用多种政策工具。图 9-1 为食品透明供应链政策工具组合图，可资运用的政策工具分为激励性政策工具和约束性政策工具。激励性政策工具包括认证认可、宣传教育、财税政策、科技奖励、平台搭建、培训开发等，主要为经济性政策工具和信息性政策工具。约束性政策工具包括法律法规、安全标准、社会监督、执法监督、法律制裁、行政命令等，主要为管制性政策工具和动员性政策工具。

9.3 食品透明供应链建设的政策支持建议

9.3.1 约束性政策

9.3.1.1 制定与食品质量安全信息记录与保存、食品安全追溯有关的配套性法规、规章和规范性文件

食品透明供应链的建设，需要政府从法律角度对食品生产经营企业的食品安全信息记录、保存、披露行为进行明确的规定，《中华人民共和国食品安全法（2018 修正）》第四十二条规定：国家建立食品安全全程追溯制度。食品生产经营者应当依照本法的规定，建立食品安全追溯体系，保证食品可追溯。国家鼓励食品生产经营者采用信息化手段采集、留存生产经

营信息，建立食品安全追溯体系。国务院食品安全监督管理部门会同国务院农业行政等有关部门建立食品安全全程追溯协作机制。但目前这部分内容只在《食品安全法》中作了一般性规定，并无具体的实施细则。从国际上看，国际上食品安全治理先进的国家和地区，如美国、欧盟、日本，都建立起了法律法规完善、执行机构配套、以预防控制为目的食品安全法律体系。2002 年美国国会通过了《生物性恐怖主义法案》，提出"实行从农场到餐桌的风险管理"。在该法案的指导下，美国食品药品管理局（FDA）制定了《记录建立和保持的规定》《食品安全跟踪条例》等配套性法规，要求所有涉及食品加工、运输配送和进口的企业建立并保全相关食品生产经营全过程记录，并强制要求到 2006 年底所有与食品生产有关的企业都必须建立食品质量安全可追溯制度。[121] 2002 欧盟通过《食品基本法》，规定了食品安全法规的基本原则和要求。在该法的指导下，2006 年欧盟颁布实施《欧盟食品及饲料安全管理法规》，该法规涵盖了"从田间到餐桌"的整个食物链，对易发生食品质量安全问题的薄弱环节都进行了重点规范。《食品卫生法》和《食品安全基本法》是日本保障食品质量安全的两大基本法，以这两部法为核心，日本还制定了大量的相关配套规章，为制定和实施标准、检验检测等活动奠定法律依据。

由此，本研究认为应加快研究制定以下食品安全配套法律法规：（1）食品安全信息记录与保存法。对食品生产经营者食品安全信息记录与保存的制度、内容、格式、责任人、法律责任等进行明确规定，为食品生产经营者加强过程管控和政府部门深化执法监督提供依据。（2）重点食品品类食品安全追溯法。选择婴幼儿配方乳粉、原料乳粉、酒类产品、保健品等重点品种作为国家强制实施食品安全追溯的对象，制定专门法律规范，对追溯的内容、数据结构与格式、技术手段、数据共享、查询系统等进行规定。等条件成熟后，逐步拓展到其他重点食品品种。

9.3.1.2 修订相关法律，形成消费者友好型食品安全法律体系

消费者是食品安全的敏锐觉察者，发挥消费者对食品安全的监督作用是促进食品透明供应链建设的重要抓手。《食品安全法》第十二条规定：任何组织或者个人有权举报食品安全违法行为，依法向有关部门了解食品安全信息，对食品安全监督管理工作提出意见和建议。该条从原则上确立了

消费者的食品安全监督权，但实施中消费者参与食品安全监督的知情权、参与权、表达权等权力缺乏操作性规定，实践中消费者仍然处于弱势地位。有奖举报是激励消费者积极参与食品安全监督的重要手段，《食品安全法》对此没有明确规定。一些地方政府设立了该项制度，2012年6月《国务院关于加强食品安全工作的决定》中也规定：大力推行食品安全有奖举报。由于相关支持法律层级较低，消费者有奖举报制度在实施中效力不高。另外，关于食品安全事件的十倍赔偿制度不足以激励消费者积极维护自身权益。

为建立消费者友好型食品安全法律体系，本研究提出：（1）在《消费者权益保护法》修订和食品安全相关法律制修订中，切实保障消费者参与食品安全监督的知情权和举报权。法律应明确规定食品企业应通过食品标识、企业网络、售后服务、企业报告等渠道向消费者诚实准确地传递食品安全相关信息。相关法律也应对政府食品安全监管信息公开的主体、内容、标准、渠道等做出具体规定。应建立完善的消费者食品安全举报受理制度、举报奖励及举报者法律保护制度。（2）加大食品安全事件惩罚性赔偿力度。惩罚性赔偿制度的功能在于惩罚不法行为并威慑未来类似不法行为的再次发生，这也就决定了惩罚性赔偿不宜用一个固定的标准或数额来限定，而应由法院根据具体案情自由裁量。[122]法院对食品企业不安全行为的判罚应对该企业产生足够的威慑影响，使该企业及其他企业不敢再犯。

9.3.1.3 在逐步解决一些食品安全标准缺失、交叉、矛盾的基础上，积极推行先进食品安全管理体系标准

食品安全管理体系标准，如GAP、GMP、SSOP、HACCP、ISO9001、ISO14001、ISO22000等，是食品企业进行过程管理、预防和控制食品安全风险的体系性工具，施行先进的食品安全管理体系标准是建设食品透明供应链的重要保障条件。美国国家食品与药品监督管理局明确规定，食品种植和生产企业必须建立食品安全可追溯制度，种植环节推行良好农业操作规范（GAP）管理体系，在加工环节推行良好生产操作规范（GMP）管理体系，以及危害分析及关键控制点（HACCP）食品安全认证体系。[123]在我国，获得食品安全管理体系标准认证是食品企业的一种自愿行为。《中华人

民共和国食品安全法（2018修正）》第四十八条规定，"国家鼓励食品生产经营企业符合良好生产规范要求，实施危害分析与关键控制点体系，提高食品安全管理水平。"但在我国食品企业及食品关联企业，推行HACCP体系原理管理的还仅仅是少数，在已经推行应用的企业中也存在种种不足。

本研究提出：（1）由国家认监委牵头成立先进食品安全管理体系标准推广基金，专门用于先进食品安全管理体系标准的宣传、教育、认证、价格等的支助和补贴。通过宣传教育，使广大消费者、食品企业管理者和技术人员对食品安全管理体系标准有正确的认知。加大食品安全管理体系标准认证补贴力度，缩短认证补贴的审批时间，激发食品企业采行先进食品安全管理体系标准的积极性。（2）在乳品、保健食品、植物油、酒类等行业企业中，将获得相应食品安全管理体系认证作为市场准入门槛，等条件成熟后再推广到其他食品行业。

9.3.1.4 提高食品安全认证认可有效性，促进安全透明食品优质优价

食品安全认证是揭示食品质量安全水平的有效途径，客观公正的食品安全认证有利于维护正常的食品市场秩序，有利于安全透明食品实现优质优价。总体来看，我国食品安全认证有效性不高，消费者对认证食品缺乏信任感。

针对我国食品安全认证认可中存在的种种问题，本研究认为应当采取如下应对措施：（1）加快制定《认证认可法》，加强认证认可配套规章和行政规范性文件的制修订工作。通过制定《认证认可法》，改变现有《认证认可条例》层级较低的缺陷，全面提高认证认可工作的法律效力和执行力。通过配套性法律的制修订，加强认证认可相关工作的可操作性。（2）根据政企分开、政事分开的原则，加强认证主体独立性。加快认证机构与主管政府部门的有效剥离，推动认证主体市场化改革，使认证机构成为独立运作、自负责任的市场主体。（3）加强认证认可执法，建立认证认可责任追究机制，完善从业机构退出机制。通过行政执法，严厉打击买证卖证、假冒伪造认证检测标志、证书等违法行为。明确细化认证认可机构的法律责任，对违法认证认可机构应承担责任的内容、程度、处理标准和程序等进

行具体设定。对严重违法的从业机构，应坚决履行其退出机制。

9.3.2 激励性政策

9.3.2.1 加快建成多级共享、互联互通、统一规范、方便快捷的食品安全追溯体系

食品安全追溯体系是食品透明供应链建设的重要技术保障，食品安全追溯体系建设不应仅仅局限于部分企业、部分地区的探索行为，而应从整个行业、在全国范围内进行规划和开发，才能发挥食品安全追溯的规模效应和范围效应。

鉴于前述我国食品安全追溯体系建设中存在的诸多问题，本研究认为：（1）应当成立由国家农业农村部、工业和信息化部、市场监督管理总局、卫生健康委员会等部门组成联席会议领导小组，对我国食品安全追溯体系建设进行统筹规划和集中领导。（2）应当按照循序渐进原则，在婴幼儿配方乳粉和原料乳粉、肉类、蔬菜、酒类产品、保健食品等种类食品行业，先行建成全国互联互通的电子追溯系统，逐步推广到其他重点食品品种。（3）应当统一编码规则、内容标准、追溯流程，为食品企业建立追溯体系提供一致依据。（4）各级政府应加大财政投入，建立国家、省、市、县、企业、消费者多级共享、互联互通、方便查询的可追溯平台。（5）应当对食品企业建设食品安全追溯体系的成本支出应当进行适当财政补贴，激励企业建设积极性。

9.3.2.2 大力推动食品科技创新，强化食品透明供应链科技支撑

食品透明供应链是适应现代食品产业链条不断延长、生产加工技术不断创新、食品安全诉求不断强化、食品安全利益相关者信息需求不断增长的情境特征而提出的一种全新的供应链运行策略。食品透明供应链的本质特点，决定了其对现代食品科技的高度依赖性。食品透明供应链的建立及运行，需要统一的信息系统、先进的生产装备、快速的检测仪器、有效的追溯体系等方面的科技支撑。如前所述，我国食品企业在食品安全科技支撑方面虽有显著进步，但也存在诸多"瓶颈"和"短板"。食品科技创新，不仅仅是食品企业的行为，而应是官、产、学、研等各方主体的协同行

为，其中政府在推动食品科技创新中发挥着引导和保障作用。

为强化食品透明供应链科技支撑，本研究认为：（1）要增加国家财政投入，加大食品安全关键技术科技专项支持和管理力度，成立食品安全科技创新联盟，攻克食品安全快速检测、食品安全在线监测、食品安全追溯等一批共性关键技术，提高食品安全关键技术装备的国产化率，降低其使用成本。（2）要加大食品企业技术进步和技术改造支持力度，支助食品企业建设综合性信息化运营平台、基于物联网和区块链技术的食品安全追溯体系和高水平质量安全检测技术示范中心，促进食品企业提高技术和管理水平。

9.3.2.3 提高食品产业集中度，构建农、工、商紧密型食品供应链治理结构

食品透明供应链建设需要供应链核心企业发挥供应链整合作用，构建从食用农产品生产到终端销售的上下游紧密型治理结构。我国食品产业"小散低"的基本特点，制约了食品透明供应链的建立与有效运行，是我国食品安全风险防控形势严峻的主要根由。为提高我国食品产业集中度及现代化水平，从国家到地方都出台了相关的扶持政策，但这些政策都散见于农业规划、工业规划、服务业或流通业规划里，没有从食品供应链固有的农工商结合的角度进行规划与扶持。由此，本研究提出：（1）积极扶持食品产业龙头企业做大做强。食品产业龙头企业可能是农业产业化龙头企业，也可能是食品工业大型骨干企业和大型流通业企业。各级政府应完善政策配套，消除制度障碍，引导食品产业龙头企业通过兼并、重组、参股、收购等方式实现纵向一体化和水平一体化发展，不断提高食品产业集中度。（2）充分发挥食品产业龙头企业辐射带动作用。通过政策扶持，鼓励食品产业龙头企业采取参股、合作等方式与农户、农业专业化合作社建立紧密型利益联结关系，促进食用农产品生产的标准化、科学化生产，提高食品供应链的源头安全。（3）完善农村土地承包经营权流转市场，引导土地向种植大户、家庭农（牧）场和食品企业集中，发展多种形式的规模化、专业化生产经营。

此外，政府应改革现有教育模式，在高等院校中培养精通食品科学与

工程和食品安全管理的复合型人才。加强食品企业从业人员法律、伦理、管理方面的培训，提升其从业素质。加强舆论宣传，在全社会营造以尊重生命、关爱健康、敬畏自然、讲究诚信等元素为核心的食品安全文化。

第十章　总结与展望

10.1 本书的主要研究结论

本书从食品供应链的角度，探索加强食品企业自律、消减食品安全信息不对称的现实途径、方式和条件等问题。本书的主要观点有：

（1）食品透明供应链是一种新的食品供应链运行策略，契合食品安全治理实践与理论发展的内容与需要。为保证食品质量安全，学术界提出了一些不同的食品供应链管理策略与模式，如食品产业绿色供应链、可持续食品供应链、食品封闭供应链等。食品透明供应链的提出针对了食品安全事件的根源性问题：食品安全信息不对称与不完全，食品供应链企业的自律与他律机制不健全。国内外学术界和实务界也开始探索提高食品供应链透明性的问题。在此基础上，本书提出"食品透明供应链"概念，并对其定义、特征、功能、分析框架进行了阐释，为后续研究打下基础。

（2）食品企业建立与运营食品透明供应链的"透明行为"主要受其"透明意愿"的影响，而"透明意愿"主要受"效用感知"和"自愿性"的影响。食品企业建设食品透明供应链的"效用感知"主要受"绩效提升"和"消费者支持意愿"的影响，而"绩效提升"则主要受"外部压力"的影响。论文构建了食品透明供应链驱动力模型，并以国内 369 家食品企业为研究对象，实证了以上模型，得出了在我国目前情境下食品透明供应链建设的影响因素及其内在作用机理。

（3）食品透明供应链运作模式是食品安全战略规划、食品安全内控环境、食品安全信息科技、食品安全风险防控四方面行为耦合作用的运行状态。本书通过理论抽样选取中粮集团、双汇集团和寿光蔬菜三个相关行业标杆企业（群体）作为研究对象，采用严谨的案例分析法提炼出上述食品透明供应链运作模式。其中，建立、执行食品安全战略规划是食品透明供应链运作模式的核心；完善、夯实食品安全内控环境是食品透明供应链运作模式的基础；加强、发挥食品安全信息科技作用是食品透明供应链运作模式的支撑；严格食品安全风险防控是食品透明供应链运作模式的主体工作。

（4）食品供应链透明度评价应借鉴综合评价法，从产品流程维、技术管理维、透明结果维三个维度设计评价指标与评价尺度，构建科学完整的食品供应链透明度评价体系，应用数据与图像相结合的方式标明整个供应链具体环节、具体操作单元的安全透明水平，从而帮助食品供应链企业寻找食品安全管理的"短板"与"盲区"。

（5）从世界范围看，食品透明供应链建设具有路径依赖性，建设食品透明供应链应走公共治理之路，需要法律标准、信息技术、治理结构等条件的支撑和保障。由此，从政府层面推进食品透明供应链建设，应秉持政府主导下的多元参与原则、激励约束结合原则、循序渐进原则、系统支撑原则，合理运用政策激励与约束工具，设计并实施科学的食品透明供应链政策支撑体系。

10.2 进一步研究展望

食品透明供应链是一个新兴的研究领域，现实意义和理论意义都较大，有广阔的研究空间。本书仅就食品透明供应链的部分层面进行了探索性研究，而且本书的相关研究也受样本量、理论抽样案例、实证对象范围和数量等的限制，后续研究应努力解决以上问题，增强研究结论的普适力和稳定性。当然，这也意味着本书现有研究结论需要进一步修正和补充。

为系统深入地推动食品透明供应链理论研究，未来研究可从以下几方面展开：

（1）食品透明供应链演进的阶段性特征。受各种因素的制约，目前典型的高度透明的食品供应链并不多见，从总体上看，食品供应链的透明度有一个由低到高不断演进的过程。在我国，食品产业的"小散低"格局意味着我国食品透明供应链建设要经历更为复杂的演进过程。从理论上对食品透明供应链演进的阶段进行划分，可将食品供应链分为低食品透明供应链、中度食品透明供应链和高食品透明供应链三个不同的演进阶段，对不同演进阶段的特点、驱动因素、瓶颈因素、政策支撑等进行剖析，可使食品透明供应链理论研究具有更强的现实基础和现实意义。

（2）食品透明供应链食品质量安全信息透明的内容及规范问题。食品质量安全信息的透明传递是食品透明供应链的本质属性，但食品质量安全信息的透明传递会增加企业的成本、揭示不利于企业的负面信息，甚至会泄露企业的商业秘密。由此，食品企业往往倾向于少披露、不披露甚至扭曲食品质量安全真实信息。目前我国的《食品标识管理规定》对食品标识的标注内容、标注规范进行了明确的规定，但主要是针对食品本身的信息揭示，我国目前还没有专门的法律和标准对食品生产经营过程的相关信息透明进行规定。因此，结合食品安全追溯体系的建立，从管理和技术的角度探讨食品透明供应链信息透明的内容及规范问题具有较大的理论及实践价值。

（3）食品透明供应链建立和运行中存在的现实问题及有效对策。食品透明供应链建立和运行中会遇到各种现实的管理与技术问题，如透明成本的消化、食品安全文化的建设、公司治理机制的完善、信息系统的整合等等。从理论上深入分析这些问题产生的根由，找到现实可行的解决方案，有助于食品透明供应链建设的顺利推进。

主要参考文献

［1］Hofstede G J, Amerongen E V. Transparency in Netchains［J］. Challenge of Global Chains, 2002（7）：17–29.

［2］Antle J M. Efficient Food Safety Regulation in the Food Manufacturing Sector［J］. American Journal of Agricultural Economics, 1996, 78（5）：1242–1247.

［3］徐晓新. 中国食品安全：问题、成因、对策［J］. 农业经济问题, 2002, 23（10）：45–48.

［4］周应恒, 霍丽玥. 食品质量安全问题的经济学思考［J］. 南京农业大学学报, 2003, 26（3）：91–95.

［5］张蒙, 苏昕, 刘希玉. 信息视角下我国食品质量安全均衡演化路径研究［J］. 宏观经济研究, 2017（9）：152–163.

［6］Trienekens J H, Beulens A J M. The Implications of Eu Food Safety Legislation and Consumer Demands on Supply Chain Information Systems［J］. Voluntas International Journal of Voluntary & Nonprofit Organiz, 2001, 23（4）：1014–1035.

［7］汪普庆, 周德翼, 吕志轩. 农产品供应链的组织模式与食品安全［J］. 农业经济问题, 2009（3）：8–12.

［8］刘克非. 食品可追溯性：研究进展、实践及建议［J］. 湖湘论坛, 2015, 28（1）：81–85.

［9］Beulens A J M, Broens D F, Folstar P, et al. Food Safety and Transparency in Food Chains and Networks Relationships and Challenges［J］. Food Control, 2005, 16（6）：481–486.

［10］王翠竹. 科技赋能供应链, 打造食品生鲜冷链供应链透明——访深圳市易流科技股份有限公司董事长张景涛［J］. 食品安全导刊, 2018（7）：44–45.

［11］陆斌, 鞠景鑫. 瀛丰五斗：构建全透明食品安全产业链［J］. 上海商业, 2008（11）：47.

［12］于志宏. 全国首家"透明牧场"在安徽诞生迈出中国乳业食品安全第一步［J］. WTO 经济导刊, 2013（5）：84.

［13］梁华康, 夏彩云. "透明"的多利农庄［J］. 企业管理, 2013（10）：85–87.

［14］Christopher M. Logistics and Supply Chain Management：Strategies for Reducing Cost and

Improving Service（second Edition）［J］. International Journal of Logistics Research and Applications，1999，2（1）：103-104.

［15］Krichen S，Jouida S B. Introduction to Supply Chain Management［J］. Supply Chain Management and Its Applications in Computer Science，2005（5）：13-23.

［16］马士华. 论核心企业对供应链战略伙伴关系形成的影响［J］. 工业工程与管理，2000，5（1）：24-27.

［17］焦志伦. 食品封闭供应链运行模式及其政策研究［M］. 北京：中国物质出版社，2012.

［18］Ouden M D，Dijkhuizen A A，Huirne R B M，et al. Vertical Cooperation in Agricultural Production-marketing Chains，with Special Reference to Product Differentiation in Pork［J］. Agribusiness，2010，12（3）：277-290.

［19］吴林海，王建华，朱淀等. 中国食品安全发展报告2013［M］. 北京：北京大学出版社，2015.

［20］吴林海，徐立青. 食品国际贸易［M］. 北京：中国轻工业出版社，2009.

［21］Moe T. Perspectives on Traceability in Food Manufacture［J］. Trends in Food Science & Technology，1998，9（5）：211-214.

［22］Souza-monteiro D M，Caswell J A. The Economics of Implementing Traceability in Beef Supply Chains：Trends in Major Producing and Trading Countries［J］. Social Science Electronic Publishing，2004.Doi：10.2139/ssrn.560067.

［23］杨秋红，吴秀敏. 农产品生产加工企业建立可追溯系统的意愿及其影响因素——基于四川省的调查分析［J］. 农业技术经济，2009（2）：69-77.

［24］Karlsen M，Kine，Dreyer，et al. Literature Review：Does a Common Theoretical Framework to Implement Food Traceability Exist？［J］. Food Control，2013，32（2）：409-417.

［25］单泪源，谢瑶瑶，刘小红. 品牌资产形成过程与食品企业产品可追溯体系建设的内部动因及策略——基于信号机制对品牌资产形成影响机理的研究［J］. 商业研究，2017（11）：7-16.

［26］李中东，张玉龙. 食品可追溯信息传递意愿及行为分析——基于284家食品生产企业的调研［J］. 企业经济，2018，37（11）：161-168.

［27］Hennessy D A. Information Asymmetry as a Reason for Food Industry Vertical Integration［J］. American Journal of Agricultural Economics，1996，78（4）：1034-1043.

［28］Hennessy D A，Miranowski R J A. Leadership and the Provision of Safe Food［J］. American Journal of Agricultural Economics，2001，83（4）：862-874.

［29］Vetter H，Karantininis K. Moral Hazard，Vertical Integration，and Public Monitoring in Credence Goods［J］. European Review of Agricultural Economics，2002，29（2）：271-279.

[30] 张云华，孔祥智，罗丹. 安全食品供给的契约分析 [J]. 农业经济问题，2004，24（8）：25–28.

[31] 韩美贵，周应堂. 生鲜农产品安全供给几个关键问题及对策 [J]. 安徽农业科学，2007（12）：3686–3689，3696.

[32] 吕玉花. 食品生产纵向投资激励和食品安全问题 [J]. 中国流通经济，2009，23（8）：36–39.

[33] 浦徐进，范旺达. 投资激励视角下农产品供应链治理结构优化 [J]. 中国人口·资源与环境，2015，25（1）：152–157.

[34] 王艳萍. 农产品供应链中质量安全风险控制机制探析 [J]. 社会科学，2018（6）：52–61.

[35] 员巧云. 涉农供应链管理中的信息流及其控制 [J]. 江苏农村经济，2006（6）：54–55.

[36] 张卫斌，顾振宇. 基于食品供应链管理的食品安全问题发生机理分析 [J]. 食品工业科技，2007（1）：215–216.

[37] 薛月菊，胡月明，杨敬锋，等. 农产品供应链的信息透明化框架 [J]. 农机化研究，2008（2）：67–71.

[38] Abad E, Palacio F, Nuin M, et al. RFID Smart Tag for Traceability and Cold Chain Monitoring of Foods：Demonstration in an Intercontinental Fresh Fish Logistic Chain [J]. Journal of Food Engineering, 2009, 93（4）：394–399.

[39] 杜永红. 农产品智能供应链体系构建研究 [J]. 经济纵横，2015（6）：75–78.

[40] Reardon T, Farina E. The Rise of Private Food Quality and Safety Standards：Illustrations From Brazil [J]. International Food & Agribusiness Management Review, 2001, 4（4）：413–421.

[41] Fulponi L. Private Voluntary Standards in the Food System：the Perspective of Major Food Retailers in OECD Countries [J]. Food Policy, 2006, 31（1）：1–13.

[42] Jin S, Zhou J. Adoption of Food Safety and Quality Standards By China's Agricultural Cooperatives [J]. Food Control, 2011, 22（2）：204–208.

[43] 朱利群，卞新民. WTO 规则下如何完善我国的农业标准化 [J]. 农村经济，2003（12）：6–9.

[44] 周洁红，叶俊焘. 我国食品安全管理中 HACCP 应用的现状、瓶颈与路径选择——浙江省农产品加工企业的分析 [J]. 农业经济问题，2007（8）：55–61，111–112.

[45] 邹翔. 构建全过程、动态监控的超市食品安全管理体系——麦德龙食品安全管理案例 [J]. 上海质量，2013（4）：44–46.

[46] 陈红华，田志宏. 国内外农产品可追溯系统比较研究 [J]. 商场现代化，2007（7）：5–6.

[47] 刘华楠，李靖. 发达国家水产品追溯制度的比较研究 [J]. 湖南农业科学，

2009（9）：152-154.

[48] 孔繁华. 我国食品安全信息公布制度研究 [J]. 华南师范大学学报（社会科学版），
2010（3）：5-11，157.

[49] 林学贵. 日本的食品可追溯制度及启示 [J]. 世界农业，2012（2）：38-42.

[50] 刘家松. 中美食品安全信息披露机制的比较研究 [J]. 宏观经济研究，2015（11）：
152-159.

[51] Kalfagianni A. Transparency in the food chain：Policies and politics [D]. Enschede，The
Netherlands：University of Twente，2006.

[52] 张寒金. 国际食品供应链安全标准的变革 [J]. 标准生活，2010（2）：64-71.

[53] 但斌，刘飞，Danbin，等. 绿色供应链及其体系结构研究 [J]. 中国机械工程，
2000，11（11）：1232-1234.

[54] 刘晔明. 食品绿色产业供应链管理模式与绩效评价研究 [D]. 无锡：江南大学，
2011.

[55] Wognum P M，Bremmers H，Trienekens J H，et al. Systems for Sustainability and
Transparency of Food Supply Chains – Current Status and Challenges [J]. Advanced
Engineering Informatics，2011，25（1）：65-76.

[56] 苏慧婷. 可持续食品供应链研究 [D]. 北京：中国社会科学院研究生院，2009.

[57] 代文彬，慕静. 食品供应链安全透明演进路径与机理研究 [J]. 商业经济与管理，
2013（8）：11-17.

[58] Trienekens J H，Wognum P M，Beulens A J M，et al. Transparency in Complex Dynamic
Food Supply Chains [J]. Advanced Engineering Informatics，2012，26（1）：55-65.

[59] Goffman E. Frame Analysis：an Essay on the Organization of Experience [J].
Contemporary Sociology，1974，4（6）：1093-1094.

[60] 李季芳. 基于核心企业的水产品供应链管理研究 [D]. 上海：中国海洋大学，2008.

[61] 迈克尔·波特. 竞争优势 [M]. 北京：华夏出版社，2005.

[62] Williamson O E. Transaction-Cost Economics：The Governance of Contractual Relations [J].
Journal of Law and Economics，1979，22（2）：233-261.

[63] Ajzen I，Fishbein M. Understanding Attitudes and Predicting Social Behavior [M].
Englewood Cliffs：Prentice Hall，1980

[64] Ajzen I. The Theory of Planned Behavior [J]. Organizational Behavior & Human Decision
Processes，1991，50（2）：179.

[65] Davis F D. Perceived Usefulness，Perceived Ease of Use，and User Acceptance of
Information Technology [J]. Mis Quarterly，1989，13（3）：319-340.

[66] Venkatesh V，Davis F D. A Theoretical Extension of the Technology Acceptance Model：
Four Longitudinal Field Studies [J]. Management Science，2000，46（2）：186-204.

[67] Golan E H，Krissoff B，Kuchler F，et al. Traceability In The U.S. Food Supply：Economic

Theory And Industry Studies［J］. Agricultural Economics Reports, 2004（2）: 1–48

［68］Porter M E. Competitive Strategy – Techniques for Analysing Industries and Competitors［J］. Social Science Electronic Publishing, 1980（2）: 86–87.

［69］朱淀, 蔡杰, 王红纱. 消费者食品安全信息需求与支付意愿研究——基于可追溯猪肉不同层次安全信息的 BDM 机制研究［J］. 公共管理学报, 2013（3）: 129–136.

［70］刘晓琳, 吴林海, 徐玲玲. 消费者对可追溯茶叶额外价格支付意愿与支付水平的影响因素研究［J］. 中国人口·资源与环境, 2015, 25（8）: 170–176.

［71］郑建明, 王上, 徐忠. 可追溯水产品消费者支付意愿的实证分析及其政策启示——基于北上广的调查［J］. 农村经济, 2016（2）: 77–82.

［72］Caswell J A, Mojduszka E M. Using Informational Labeling to Influence the Market for Quality in Food Products［J］. American Journal of Agricultural Economics, 1996, 78（5）: 1248–1253.

［73］Banterle A, Stranieri S, Baldi L. Voluntary Traceability and Transaction Costs: An Empirical Analysis in the Italian Meat Processing Supply Chain［A］. In: 99th European Seminar of the EAAE. Trust and Risk in Business Networks［C］. Bonn Germany: Spring Publishers, 2006: 565−575.

［74］王一舟, 王瑞梅, 修文彦. 消费者对蔬菜可追溯标签的认知及支付意愿研究——以北京市为例［J］. 中国农业大学学报, 2013, 18（3）: 215–222.

［75］Hair J F, Black W C, Babin B J. Multivariate Data Analysis: A Global Perspective［M］. New Jersey: Pearson Education Inc., 2010: 79–83.

［76］Bagozzi R P, Yi Y. On the Evaluation of Structural Equation Models［J］. Journal of the Academy of Marketing Science, 1988, 16（1）: 74–94.

［77］Cohen J. Statistical Power Analysis for the Behavioral Sciences［M］. New Jersey: Lawrence Erlbaum Associates, 1988.

［78］吴林海, 卜凡, 朱淀. 消费者对含有不同质量安全信息可追溯猪肉的消费偏好分析［J］. 中国农村经济, 2012（10）: 13–23.

［79］Holleran E, Bredahl M E, Zaibet L. Private Incentives for Adopting Food Safety and Quality Assurance［J］. Food Policy, 1999, 24（6）: 669–683.

［80］Henson S, Holt G, Northen J. Costs and Benefits of Implementing Haccp in the Uk Dairy Processing Sector［J］. Food Control, 1999, 10（2）: 99–106.

［81］金彧昉, 李若山, 徐明磊. COSO 报告下的内部控制新发展——从中航油事件看企业风险管理［J］. 会计研究, 2005（2）: 34–40, 96.

［82］Robinson C J, Malhotra M K. Defining the Concept of Supply Chain Quality Management and Its Relevance to Academic and Industrial Practice［J］. International Journal of Production Economics, 2005, 96（3）: 315–337.

［83］郁玉兵, 熊伟, 代吉林. 供应链质量管理与绩效关系研究述评及展望［J］. 软科学,

2014, 28（8）: 141-144.

［84］Lo V H Y, Yeung A H W, Yeung A C L. How Supply Quality Management Improves an Organization's Quality Performance: A Study of Chinese Manufacturing Firms［J］. International Journal of Production Research, 2007, 45（10）: 2219-2243.

［85］张秀萍, 王秋实. 我国食品安全的供应链质量管理［J］. 经济界, 2011（5）: 51-55.

［86］刘宗发. 长沙百事可乐基于供应链质量管理改进研究［D］. 长沙: 中南大学, 2011.

［87］张文博, 苏秦. 基于模糊多目标规划的食品供应链质量风险控制决策研究［J］. 工业工程与管理, 2018, 23（1）: 30-37.

［88］张红霞, 安玉发. 食品生产企业食品安全风险来源及防范策略——基于食品安全事件的内容分析［J］. 经济问题, 2013（5）: 73-76.

［89］Eisenhardt K M. Building Theories From Case Study Research［J］. Academy of Management Review, 1989, 14（4）: 532-550.

［90］Yin R K. Case Study Research［M］. Thousand Oaks, CA: Sage, 1994.

［91］陈淑平. 内容分析法成为图书馆学情报学研究方法的相关问题探讨［J］. 情报资料工作, 2009（1）: 19-22.

［92］王宗军. 综合评价的方法, 问题及其研究趋势［J］. 管理科学学报, 1995（1）: 18-22.

［93］李远远, 云俊. 多属性综合评价指标体系理论综述［J］. 武汉理工大学学报（信息与管理工程版）, 2009, 31（2）: 305-309.

［94］苏为华. 多指标综合评价理论与方法问题研究［D］. 厦门: 厦门大学, 2000.

［95］Stringer M F, Hall M N, et al. A Generic Model of the Integrated Food Supply Chain to Aid the Investigation of Food Safety Breakdowns［J］. Food Control, 2007, 18（7）: 755-765.

［96］Luning P A, Marcelis W J. A Conceptual Model of Food Quality Management Functions Based on a Techno-managerial Approach［J］. Trends in Food Science & Technology, 2007, 18（3）: 159-166.

［97］Luning P A, Bango L, Kussaga J, et al. Comprehensive Analysis and Differentiated Assessment of Food Safety Control Systems: A Diagnostic Instrument［J］. Trends in Food Science & Technology, 2008, 19（10）: 522-534.

［98］Hulebak K L, Schlosser W. Hazard Analysis and Critical Control Point（haccp）History and Conceptual Overview［J］. Risk Analysis, 2010, 22（3）: 547-552.

［99］Okello J J, Swinton S M. Compliance with International Food Safety Standards in Kenya's Green Bean Industry: Comparison of a Small- and a Large-scale Farm Producing for Export［J］. Review of Agricultural Economics, 2007, 29（2）: 269-285.

［100］Garrett E H. Plant Sanitation and Good Manufacturing Practices for Optimum Food Safety in Fresh Cut Produce［M］. New Jersey: Wiley-Blackwell, 2009.

［101］Taylor E，Renter K D. Challenges Involved in the Salmonella Saintpaul Outbreak and Lessons Learned［J］. Journal of Public Health Management & Practice Jphmp，2010，16（3）：221.

［102］梁颖，卢海燕，刘贤金. 食品安全认证现状及其在我国的应用分析［J］. 江苏农业科学，2012，40（6）：7-9.

［103］周应恒，王晓晴，耿献辉. 消费者对加贴信息可追溯标签牛肉的购买行为分析——基于上海市家乐福超市的调查［J］. 中国农村经济，2008（5）：22-32.

［104］王怀明，尼楚君，徐锐钊. 消费者对食品质量安全标识支付意愿实证研究——以南京市猪肉消费为例［J］. 南京农业大学学报（社会科学版），2011，11（1）：21-29.

［105］Dickinson D L，Hobbs J E，Bailey D V. A comparison of US and Canadian Consumers' Willingness to Pay for Red-meat Traceability［R］. Montreal，Canada：American Agricultural Economics Association Annual Meetings，2003.

［106］肖湘雄. 大数据：农产品质量安全治理的机遇、挑战及对策［J］. 中国行政管理，2015（11）：25-29.

［107］王浩，孔丹. 大数据时代背景下食品供应链安全风险管理研究［J］. 管理观察，2018（3）：100-102.

［108］赵震，张龙昌，韩汝军. 基于物联网的食品安全追溯研究［J］. 计算机技术与发展，2015，25（12）：152-155.

［109］中国工业和信息化部信息中心. 2018年中国区块链产业白皮书［R］. 北京：中国工业和信息化部，2018.

［110］曾小青，彭越，王琪. 物联网加区块链的食品安全追溯系统研究［J］. 食品与机械，2018，34（9）：100-105.

［111］李玉军，高红，刘楠. 食品添加剂检测技术研究进展［J］. 人民军医，2012，55（7）：674-675.

［112］陈华. 食品质量溯源系统的现状及发展建议［J］. 湖南农业科学，2010（21）：87-89.

［113］鲁俊辉，张朝民. 农民专业合作社何以健康发展［J］. 人民论坛，2019（6）：70-71.

［114］赵斌. 认证认可及其监管亟待补短板［N］. 中国建材报，2017-08-04（003）.

［115］郝程乾，刘春卉. 国内外食品安全国家标准对比研究［J］. 食品安全质量检测学报，2018，9（13）：3538-3544.

［116］陈君石，石阶平. 食品安全风险评估［M］. 北京：中国农业大学出版社，2010.

［117］彭兰英. 餐饮从业人员食品卫生与营养知识调查［J］. 中国卫生标准管理，2016，7（36）：1-3.

［118］金伟，余金明，顾沈兵. 上海市七宝地区餐饮从业人员健康素养与食品安全知识和行为的相关分析［J］. 上海交通大学学报（医学版），2014，34（12）：1811-

1815，1823.

［119］徐开新，高健.中国现代食品产业的发展与食品经济管理人才的培育［J］.高等农业教育，2008（5）：47-50.

［120］徐媛媛，严强.公共政策工具的类型、功能、选择与组合——以我国城市房屋拆迁政策为例［J］.南京社会科学，2011（12）：73-79.

［121］赵荣，陈绍志，乔娟.美国、欧盟、日本食品质量安全追溯监管体系及对中国的启示［J］.世界农业，2012（3）：6-10，31.

［122］高圣平.食品安全惩罚性赔偿制度的立法宗旨与规则设计［J］.法学家，2013（6）：55-61.

［123］邢文英.美国的农产品质量安全可追溯制度［J］.世界农业，2006（4）：39-41.